森林报·冬

学而思大语文分级阅读 第一学段·1~2年级

[苏联] 维·比安基 著

学而思教研中心 改编

石油工业出版社

前　言

——写给爸爸妈妈和老师

"阅读力就是成长力"，这个理念越来越成为父母和老师的共识。的确，阅读是一个潜在的"读——思考——领悟"的过程，孩子通过这个过程，打开心灵之窗，开启智慧之门，远比任何说教都有助于成长。

儿童教育家根据孩子的身心特点，将阅读目标分为三个学段：第一学段（1~2年级）课外阅读总量不少于5万字，第二学段（3~4年级）课外阅读总量不少于40万字，第三学段（5~6年级）课外阅读总量不少于100万字。

从当前的图书市场来看，小学生图书品类虽多，但未做分级。从图书的内容来看，有些书籍虽加了拼音以降低识字难度，可文字量太大，增加了阅读难度，并未考虑孩子的阅读力处于哪一个阶段。

阅读力的发展是有规律的。一般情况下，阅读力会随着年龄的增长而增强，但阅读力的发展受到两个重要因素的影响：阅读兴趣和阅读方法。影响阅读兴趣的关键因素是智力和心理发育程度，而阅读方法不当，就无法引起孩子的阅读兴趣，所以孩子阅读的书籍应该根据其智力和心理的不同发展阶段进行分类。

　　教育学家研究发现，1~2年级的孩子喜欢与大人一起朗读或阅读浅近的童话、寓言、故事。通过阅读，孩子能获得初步的情感体验，感受语言的优美。这一阶段要培养的阅读方法是朗读，要培养的阅读力就是喜欢阅读，还可以借助图画形象理解文本、初步形成良好的阅读习惯。

　　3~4年级的孩子阅读力迅速增强，阅读量和阅读面都开始扩大。这一阶段是阅读力形成的关键期，正确的阅读方法是默读、略读；阅读时要重点品味语言、感悟形象、表达阅读感受。

　　5~6年级的孩子自主阅读能力更强，喜欢的图书更多元，对语言的品味更有要求，开始建立自己的阅读趣味和评价标准，要培养的阅读方法是浏览、扫读；要培养的阅读力是概括能力、品评鉴赏能力。

　　本套丛书编者秉持"助力阅读，助力成长"的理念，精挑细选、反复打磨，为每一学段的孩子制作出适合其阅读力和身心发展特点的好书。

　　我们由衷地希望通过这套书，孩子能收获阅读的幸福感，提升阅读力和成长力。

　　　　　学而思教研中心

目 录

苦苦煎熬月（冬天第三个月）

森林里的新闻

城市里的新闻

狩猎故事

天寒
地冻月

冬天第一个月

12月：冷！刺骨的冷！

*

12月带着风雪，把大地变成了一个冰冷的世界。

河水被冰封了，太阳的光芒变得柔和了。

白昼越来越短，黑夜越来越长。天气一天比一天冷。

一场大雪之后，弱小的草本植物变得干枯了，小型的无脊椎动物变成了干巴巴的尸体。它们全都被冰雪征服了。

冷！刺骨的冷！

这样消沉下去可不行，太阳满怀激情地鼓舞大家："植物已经留下了种子，动物已经产了卵，再坚固的冰也会融化，再寒冷的冬天也会过去。请大家养足精神，等待春天的到来！"

阅读冬天这本书
yuè dú dōng tiān zhè běn shū

一本有趣的书
yì běn yǒu qù de shū

*

如果你是一位爱读书的孩子，那么恭喜你，因为大自然现在就要把一本最好玩的书送给你，这本书的名字叫《冬季》。

这是一本非常特别的书，是由数不清的动物小作家共同完成的，也许有些小作家就在你的身边哟！

当第一片雪花从空中飘落下来，这本书就正式翻开了。

这些五花八门的字迹和图画是谁的杰作？让我们来仔细辨认一下：有蹦蹦跳跳的兔子，有叽叽喳喳的小鸟，有狡猾的狐狸，有低着头吸着鼻子四处寻找食物的狗，还有小肉球一样的老鼠……

你看得正入神，雪开始下大了。雪花纷纷扬扬地落下来，像无数个橡皮擦，不一会儿就把原来的字迹和图画擦得干干净净，就像翻开了新的一页，页面上洁白干净，什么也没有。

你不用着急，也不必烦恼，回家去好好睡上一觉，等你明天再回来的时候，小作家们早已经把新的故事写好了。

小作家的写作方式

*

对于这些动物小作家的写作方式，你是否感到非常好奇？下面我们就来看看它们的创作过程吧！

你玩过跳马游戏吗？先把双手支撑在牢固的支撑物上，然后岔开双腿向前起跳。有些人笨手笨脚，觉得这是一个非常困难的游戏，但松鼠对此却非常精通。只见它先把两条前腿稳稳地支在地面上，然后后腿起跳，再慢慢地落到地面上，这样反复进行，前脚就留下了两排小小的、圆圆的脚印；后脚的脚印又大又长，五个脚趾印依次排开，像一只摊开的手掌。

老鼠像一位手法熟练的书法家，擅长写规整的小字，并且写得又快又轻。而喜鹊是位了不起的画家，和人类用手画画不同，喜鹊是用全身来作画的：先用爪子画出规整清晰的十字，再用翅膀上的羽毛画出一根根手指，最后用尾巴轻轻一扫，哈，一幅超现实主义的惊天之作就完成了。

让人惊叹的作家

*

有些小作家的写作风格一眼就能看出来，但有些动物作家却不喜欢这样直截了当的方式，它们喜欢耍花招迷惑大家，比如狼。

狼在行走的时候，会把右后脚放在左前脚的脚印里，把左后脚放进右前脚的脚印里，一步也不会踏错。因此它的脚印就像一条笔直的绳子一样。但人类比狼还聪明，很快就摸清了狼的脾气。所以，当他们在雪地里找到一排脚印时，便会立刻兴奋地大声喊道："快看，有一头狼从这里经过，这是它留下的'笔迹'。"

哈，人类高兴得太早了，其实他们还是猜错了。这的确是狼的脚印，但刚刚走过去的不是一头狼，而是五头。最前面的是狼妈妈，它的身后还跟着狼爸爸和三头小狼。它们像训练过的士兵一样，排成一行，依次踩着狼妈妈留下的脚印往前走，在行走的过程中，调皮捣蛋的小狼们变成了乖宝宝，谁也不会胡乱踩踏，所以五头狼只留下了一排脚印。这么高超的创作方式，真让人惊叹。

森林里的新闻

不用为树木担心

*

冬天刚刚开始，天就已经冷得不行了。人们穿上了厚厚的冬装，动物们换上了厚厚的皮毛，树木怎么办呢？别担心，它们早已经为过冬做好了充足的准备。

第一步：吸收养料，积蓄能量。

夏天的时候，树木开始拼命地吸收养料，等到冬天来临的时候，它们就停止一切生长活动，把剩余的养料全都储存起来，专门对付寒冷的冬天。

第二步：把叶子统统赶走。

树叶会消耗太多热量，所以树木必须在冬天来临之前把它们统统赶走。

第三步：白色的羽绒被子。

皑皑白雪总是给人一种冰冷的感觉，但实际上，雪是一床质量非常好的羽绒被子。一些细弱的枝条被农民伯伯埋在雪地里，这样既能有效地防止热量传到外面，又能阻挡寒气入侵到里面，树木就不会被冻坏了。

看吧，你完全用不着替树木担心。它们只需要在冰天雪地里好好睡上一觉，明年春天就能发芽了。

我的试验田

*

今天阳光明媚，天气也比前几天暖和，我决定去外面走走。

大地上白皑皑的一片，看不见郁郁葱葱的植物，也看不见活蹦乱跳的小动物，真让人伤感。我正在发感慨，忽然想到了我的试验田。

我在试验田里种了很多植物，经过了一场大雪的洗礼，它们会变成什么样呢？我的心里充满了期待与不安。

试验田离家有一段距离，但我喜欢滑雪，所以这点儿距离根本就算不了什么。

和我想象的一样，试验田已经被大雪覆盖，我差点儿都找不到它了。我把试验田里的积雪清理干净，它才露出了原来的模样。植物

men hē zú le xuě shuǐ　　dōu zhī leng zhe shēn zi jìn qíng de jiē shòu yáng guāng
们喝足了雪水，都支棱着身子尽情地接受阳光

de zhào yào　　yǒu dú de máo gèn huā bàn jìng rán hái méi yǒu sàn luò　　zhè
的照耀。有毒的毛茛花瓣竟然还没有散落，这

jué duì shì gè jīng xǐ
绝对是个惊喜。

　　　　wǒ zài shì yàn tián lǐ bō zhòng de　　zhǒng zhí wù　　dào jīn tiān
　　我在试验田里播种的62种植物，到今天

yī rán yǒu　　zhǒng shì bì lù de　　tā men bú dàn méi yǒu bèi bīng xuě jī
依然有36种是碧绿的。它们不但没有被冰雪击

kuǎ　　fǎn ér biàn de bǐ yǐ qián gèng shuǐ ling　　gèng piào liang le
垮，反而变得比以前更水灵，更漂亮了。

　　wǒ yuè lái yuè xǐ huan wǒ de shì yàn tián le
　　我越来越喜欢我的试验田了。

pà fǔ luò wá
帕甫洛娃

冒失鬼

*

小狐狸肚子饿了，四处寻找猎物。在雪地里找猎物很容易，只要找到它们的脚印，跟着走过去就能把它们揪出来。

"这只是狼的，那只是鹿的……"小狐狸正低着头仔细辨认雪地上的脚印，忽然，它看见了一排小小的脚印，一直到了灌木丛里。

"这是老鼠的脚印。"小狐狸兴冲冲地来到灌木丛边上。啊，看见了一条细细长长的尾巴，接着是一团灰色的小肉球，看来还是一只胖老鼠呢！小狐狸扑过去，一口就咬住了小肉球。

"呸！呸！臭死啦！竟然是一只鼩鼱！"

xiǎo hú li qì nǎo de bǎ xiǎo ròu qiú tǔ chū lái hěn hěn de shuāi zài dì
小狐狸气恼地把小肉球吐出来，狠狠地摔在地

shang yòu qù bié de dì fang xún zhǎo liè wù le
上，又去别的地方寻找猎物了。

qú jīng zhǎng de yǒu diǎn xiàng lǎo shǔ dàn shēn shang yǒu yì gǔ tè bié
鼩鼱长得有点像老鼠，但身上有一股特别

nán wén de qì wèi bǐ lā jī de wèi dào hái ràng rén nán yǐ rěn shòu
难闻的气味，比垃圾的味道还让人难以忍受。

yě shòu men jiàn le tā dōu duǒ de yuǎn yuǎn de zhǐ yǒu xiǎo hú li zhè ge
野兽们见了它都躲得远远的，只有小狐狸这个

mào shi guǐ cái gǎn bǎ tā fàng jìn zuǐ ba lǐ
冒失鬼才敢把它放进嘴巴里。

13

谁的脚印？

*

前几天，我们的记者在森林里发现了一组奇怪的脚印：脚印不大，顶端的四个爪痕像人的四根手指头，但比手指头尖利多了。

"这是谁的脚印？"记者们顺着脚印来到一个山洞前，发现山洞周围的雪地上有一些硬硬的、直直的，像针一样的兽毛。经验丰富的记者一眼就认出来了："这不是用来制作毛笔的毛吗？这种毛是獾身上的呀。"

没错，住在山洞里的就是獾，这些脚印就是獾散步时留下来的。

扑棱！扑棱！
pū leng pū leng

*

<ruby>一<rt>yì</rt></ruby><ruby>只<rt>zhī</rt></ruby><ruby>兔<rt>tù</rt></ruby><ruby>子<rt>zi</rt></ruby><ruby>正<rt>zhèng</rt></ruby><ruby>在<rt>zài</rt></ruby><ruby>雪<rt>xuě</rt></ruby><ruby>地<rt>dì</rt></ruby><ruby>里<rt>lǐ</rt></ruby><ruby>玩<rt>wán</rt></ruby><ruby>跳<rt>tiào</rt></ruby><ruby>远<rt>yuǎn</rt></ruby><ruby>的<rt>de</rt></ruby><ruby>游<rt>yóu</rt></ruby><ruby>戏<rt>xì</rt></ruby>。

一只兔子正在雪地里玩跳远的游戏。

它从一个雪堆跳到另一个雪堆上，玩得正高兴，突然，它脚下的雪地里有什么东西动了一下，它大叫着跳到旁边，还没等它缓过神来，一群鸟扑棱着翅膀从雪地里飞出来了。它们是柳雷鸟，吃饱喝足以后喜欢钻到雪地里休息。如果在安安静静的雪地里碰上它们，还真的会被吓一跳呢！

雪下面的世界

*

天气越来越冷，地上的积雪也越来越厚，不知不觉已经有一尺多深了。没有人或野兽经过的时候，雪地上静悄悄的。但你看见的只是表面现象，在厚厚的积雪下面，那些活蹦乱跳的小家伙们玩得正开心呢！

花尾榛鸡和黑琴鸡钻到雪下面，把积雪当成了温暖的被子。伶鼬肚子饿了，想抓一只花尾榛鸡吃。于是，它也钻进了雪海深处。雪太深了，它不得不一边在雪下面爬行，一边探出脑袋，看看能不能发现花尾榛鸡的影子。一旦发现猎物，它就会毫不犹豫地扑过去，从来不会失手。

聪明的田鼠发现了一件

事：无论如何，刺骨的寒风也吹不透厚厚的积雪。于是，田鼠在雪海深处建了一座漂亮的雪下别墅，还在里面生下了一窝田鼠宝宝。新别墅里既温暖又安全，田鼠宝宝们就算在里面跑来跑去也不会被冻伤。田鼠想得可真周到哇！

熊和小鸟

*

对于熊来说，洞穴就是一个睡觉的地方，只要能够舒舒服服睡大觉，它就心满意足了。至于洞口那些杂乱的树枝，它才懒得理会。可是接连几场大雪之后，熊惊讶地发现，它的家仿佛变成了一座宫殿。

杂乱的树枝上落满积雪，变成了一扇扇透着亮光的窗户。窗棂乌黑发亮，层层交叠，像是有人特意搭建而成的。洞穴里被雪映得亮堂堂的，好像比以前大了好几倍。熊心满意足地打量着自己的家。

忽然，窗外响起了一阵"嗒嗒""嗒嗒"的声音。熊警觉地来到窗户前，瞪着两只小眼睛往外瞧。原来是一只小鸟飞到云杉树上，正在啄树枝上的雪。虚惊一场！熊定了定

18

shén　yòu qù shuì dà jiào le
神，又去睡大觉了。

　　xiǎo niǎo méi yǒu fā xiàn dòng xué lǐ de xióng　　tā qiào zhe wěi ba zài
　　小鸟没有发现洞穴里的熊，它翘着尾巴在

shù zhī shàng zhuó le jǐ xià　　biàn fēi huí le zì jǐ de jiā　　xiǎo niǎo de
树枝上啄了几下，便飞回了自己的家。小鸟的

jiā zài yì jié lǎo shù gēn lǐ　　lǐ miàn pū zhe hòu hòu de tái xiǎn hé róu
家在一截老树根里，里面铺着厚厚的苔藓和柔

ruǎn de róng máo　　nuǎn huo jí le
软的绒毛，暖和极了。

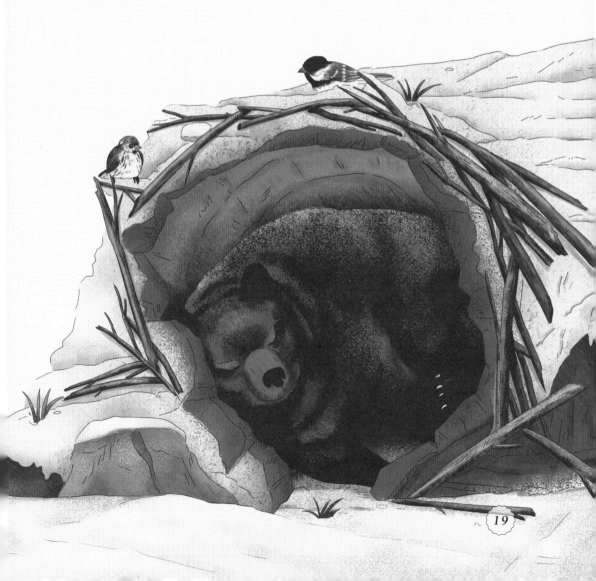

19

农庄里的新闻
nóng zhuāng lǐ de xīn wén

惊险刺激的游戏
jīng xiǎn cì jī de yóu xì

*

伐木工人在冰天雪地里干得热火朝天，锯条和树干相遇，发出刺耳的声音，响彻了整片森林。

被砍伐下来的树木们正在等待着一场有趣的游戏：伐木工人把水浇到雪地上，过不了多长时间，雪地就会变成一个天然的溜冰场。被砍伐下来的树木们只要躺在上面轻轻打个滚，"嗖"地一下就能滑到河边。多么惊险刺激的游戏呀，怪不得树木们都喜欢玩呢！

田鹬在冰天雪地里找不到食物，只好壮着胆子到农庄里碰碰运气。它们在田野边发现了许多用树枝搭成的小窝棚，里面还放着燕麦和大麦。

"看哪，这是人类给我们准备的新家和食物。"田鹬们一头扎进去，津津有味地吃起来。

这个冬天，它们再也不用为吃住发愁了。

人们悄悄看着田鹬们在这里安家，心里甜滋滋的。能为小鸟们做点事情，是一件非常幸福的事。

聪明的米沙

*

昨天，我去农场看望好朋友米沙，但他不在家。他的妻子说他去耕地了。

"耕地？"我惊讶地叫出了声，"你在开玩笑吧，土地都被冻实了，现在可不是耕地的时候。"

米沙的妻子笑着说："逗你玩呢，他在耕雪。"

"雪怎么个耕法？"我实在太好奇了，便一溜小跑来到了米沙家的田里。

果然，米沙正开着一辆拖拉机工作。但拖拉机后面拉的不是耕地用的犁，而是一个长长的箱子。箱子把雪一点一点地拢起来，建起了一道厚厚的雪墙。

"米沙，建雪墙有什么用？让雪留在地里

bú shì duì zhuāng jia gèng hǎo ma
不是对庄稼更好吗?"

shì ya　xuě què shí néng wèi zhuāng jia bǎo nuǎn　dàn shì dōng tiān
"是呀,雪确实能为庄稼保暖。但是冬天

de fēng tài kě wù le　tā men zǒng shì bǎ jī xuě chuī pǎo　suǒ yǐ wǒ
的风太可恶了,它们总是把积雪吹跑,所以我

děi jiàn yí dào jiē shi de xuě qiáng　bǎ fēng dǎng zài wài mian　zhè yàng jī
得建一道结实的雪墙,把风挡在外面,这样积

xuě cái néng gèng hǎo de bǎo hù zhuāng jia ya
雪才能更好地保护庄稼呀!"

tīng wán mǐ shā de huà　wǒ dǎ xīn yǎn lǐ pèi fú tā　tā tài
听完米沙的话,我打心眼里佩服他,他太

cōng míng le　jìng rán néng xiǎng dào zhè yàng de hǎo zhǔ yi
聪明了,竟然能想到这样的好主意。

城市里的新闻
chéng shì lǐ de xīn wén

光着腿的小家伙
guāng zhe tuǐ de xiǎo jiā huo

*

在晴朗的天气里，到公园去散散步吧，说
zài qíng lǎng de tiān qì lǐ，dào gōng yuán qù sàn san bù ba，shuō

不定会发现点什么新鲜玩意儿！
bú dìng huì fā xiàn diǎn shén me xīn xiān wán yìr

你瞧，白白的积雪上不知什么时候落了几
nǐ qiáo，bái bái de jī xuě shàng bù zhī shén me shí hou luò le jǐ

粒灰尘，格外显眼。任何人看见了，都会被吸
lì huī chén，gé wài xiǎn yǎn。rèn hé rén kàn jiàn le，dū huì bèi xī

引过去。但你还没来得及仔细观看，那些灰尘
yǐn guò qù。dàn nǐ hái méi lái de jí zǐ xì guān kàn，nà xiē huī chén

竟然自己动起来了。天哪，原来这根本不是灰
jìng rán zì jǐ dòng qǐ lái le。tiān na，yuán lái zhè gēn běn bú shì huī

尘，而是小苍蝇。它们平时居住在树叶下面或者苔藓中，只有天气暖和的时候才敢出来晒晒太阳，呼吸一下新鲜空气。

它们的个头实在太小了，如果想看清楚，必须使用放大镜。把放大镜对准它们，放大、放大、再放大……

好了，终于能看清它们那长长的嘴巴和细细的触角了。再仔细一瞧，你会惊讶地发现，它们身上竟然没有翅膀，6条纤细的小腿在寒风中冻得瑟瑟发抖。也许是它们出来得太匆忙，竟然忘记穿裤子了，就像期待下雨的孩子，顾不上穿好雨衣就迫不及待地冲进雨中一样。

紧急通知

*

天越来越冷，小鸟的日子越来越艰难了。

我们实在不忍心让这些可爱的小家伙们挨饿受冻，所以现在要发布这个紧急通知。请大家伸出援助之手，帮小鸟们搭一座温暖的小窝，建一个免费的食堂。

如果你居住的地方有山雀或者鸸，那么给它们准备食物的时候一定要注意。因为它们的食物比较特殊，请按照我们教的方法去做。

山雀和鸸都喜欢吃油脂，所以你只需要找一根干净的粗木棍，在上面钻出几个小洞，然后把加热过的油脂灌进小洞里去。等油脂充分凉透以后，再把木棍挂到树上，一个小小的食堂就做好了。耐心等着吧，过不了多久山雀

专属＿＿＿＿＿＿的

阅读成长记录册

阅读指导

充满趣味的阅读指引与内容导入，既有对配套书籍相关内容的介绍与分析，也有对阅读方法的细致指导与讲解，可辅助教师教学及家长辅导，亦可供孩子自主学习使用。

阅读测评

主要是"21天精读名著计划"的具体安排及测评。我们根据不同年龄段孩子的注意力集中情况、阅读速度、理解水平以及智力和心理发展特点，有针对性地对孩子进行阅读力的培养。

年级	日均阅读量	阅读力培养
1~2	约1000字	认读感知能力 信息提取能力
3~4	约6000字	分析归纳能力 推理解释能力
5~6	约9000字	评价鉴赏能力 迁移运用能力

阅读活动

通过形式多样的阅读活动，调动孩子的阅读积极性，培养孩子听、说、读、写、思多方面的能力，让孩子能够综合应用文本，更有创造性地阅读。

六大阅读能力

| 认读感知能力 | 认读全书文字
感知故事情节 |

| 信息提取能力 | 提取直接信息
提取隐含信息 |

| 分析归纳能力 | 分析深层含义
归纳主要内容 |

| 推理解释能力 | 推理词句含义
做出预判推断 |

| 评价鉴赏能力 | 评价人物形象
鉴赏词汇句子 |

| 迁移运用能力 | 信息迁移对比
知识灵活运用 |

小朋友，比安基的《森林报》已经伴随你走过了春天、夏天、秋天，精彩纷呈的大自然是不是让你流连忘返啊？是不是迫不及待地想知道冬天还有哪些趣闻呢？那今天我们就去看看比安基笔下的冬天吧！

作者简介

维·比安基（1894—1959），苏联儿童文学家、科普作家。比安基出生在一个生物学家的家庭，自幼受家庭的熏陶，对大自然充满了浓厚的兴趣，一直留心观察和记录自然界的各种生物。他于1922年开始从事文学创作，三十多年间写下了大量的科普作品、童话和小说。1928年问世的作品《森林报》是他的代表作，书中蕴藏的丰富知识以及动植物的传奇经历，无不激发起孩子们浓烈的阅读兴趣和求知渴望，影响了一代又一代人。

比安基擅长以故事的形式把孩子们带入大自然的世界，告诉他们应该如何去观察、分析、比较、思考和研究大自然。

冬天到了，小草干枯了，树木变得光秃秃的，有些动物冬眠了，森林里看起来静悄悄的。可事实上真的是这样吗？才不是呢！下雪之后，动物们变成了小作家、小画家，用它们的爪子或者蹄子在雪地上写字画画；贪吃的狐狸把鼬鼱当成了胖老鼠，结果差点被它身上的臭气熏得晕过去；驼鹿和公鹿为了行动起来更加方便，在和狼战斗之前，先把头上的鹿角甩掉，真的太让人惊叹了！

说了雪地上的故事，咱们再来看看雪地下面有哪些好玩的故事吧！老鼠在雪地下面挖出一条秘密通道，在里面进进出出寻找食物；柳雷鸟钻到雪下面睡大觉，把兔子吓了一大跳；田鼠在雪海深处建了一座豪华别墅，在里面生下了一窝鼠宝宝；伶鼬在雪下面钻来钻去，寻找美味的花尾榛鸡……

看了动物的精彩故事，我们再来看看猎人们在干什么吧。猎人们的故事同样精彩，他们想出了很多捕猎的好办法，比如用小旗子设置陷阱、制作各种各样的捕兽器等。

这些并不是全部的故事，还有很多好玩的趣闻藏在这本书里呢。

　　《森林报》从第一次出版到现在已经有将近100年的历史了。它经常出现在专家学者推荐的必读书单里，也影响了一代又一代人。每一个读到这本书的大朋友和小朋友，都会被其中的内容深深吸引。

　　《森林报》为什么有这么大的魅力呢？除了里面的故事新鲜有趣以外，更主要的原因是它重新激发起了人们对大自然的关注。现在的人们要忙着工作或做功课，很少有时间走进大自然，很多人甚至连一些常见的花草树木或者小动物都不认识了。而《森林报》却把一个鲜活、生动、充满生命力的大自然带到了我们面前，让读到它的人不由自主地发出惊叹"啊，原来这些小动物这么聪明可爱啊"或者是"哇，我见过这种植物，它就长在楼下的花园里"。

　　作者多运用比喻、拟人的修辞手法，给人以新奇的感觉，激发读者阅读兴趣，并从新闻的视角把冬天里发生的和自然界有关的事情报道出来，别出心裁，让读者享受到阅读快乐的同时，还学到了许多知识，拓宽了眼界。

　　因为这本书，很多人开始走进大自然，了解大自然，还有更多的人加入到保护大自然的行列中来，使我们的生活变得越来越好。

1 火眼金睛识价值

读一本书之前要先去认识书的作者，比如作者的生平、代表作品以及这本书的写作背景。然后读目录，通过目录我们可以知道作者是按时间顺序写的，并且每一个月都会从森林、农庄、城市、狩猎故事等方面来写。

2 一吐为快说故事

每读完一个故事或者新闻后，我们要回忆总结这个篇章主要讲了些什么，我们学到了什么，可以和其他同学分享交流，比如你喜欢哪个情节或哪个动物，说一说理由。

3 出口成章品人生

通过阅读，联系生活实际，想想我们在生活中遇到的事，遇到的小动物，能否像作者一样用精彩的语言去表述。

4 连续阅读强记忆

我们知道《森林报》分为春、夏、秋、冬四册，这个系列里的植物和动物都是有连续性的，读完冬以后，我们可以把四册书中对应的章节或故事串联起来哦。

12 月：冷！刺骨的冷！——小作家的写作方式

1.（单选）下面是小丽和老师的对话，你认为谁说的对呢？
（　　）

（迁移运用能力）

冬天了，白天时间越来越长了。

A

不对，冬天白天时间越来越短了，黑夜时间越来越长了。

B

2.（连线）请你为下列小作家找到它们的作品。

（信息提取能力）

松鼠　　　　　　　　超现实主义画作

老鼠　　　　　　　　摊开的手掌

喜鹊　　　　　　　　规整的小字

ràng rén jīng tàn de zuò jiā   wǒ de shì yàn tián
让 人 惊 叹 的 作 家——我 的 试 验 田

3.（单选）狼的"创作方式"高超在哪里？（   ）

（推理解释能力）

    A. 把右后脚放在左前脚的脚印里

    B. 明明是五头狼却只留下了一头狼的脚印

    C. 倒着走，留的脚印是反方向的

    D. 把脚印擦了

4.（圈画）拼音小能手，快给下面的词语圈出正确拼音。

（认读感知能力）

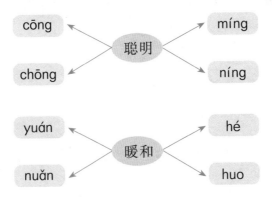

māo shī guǐ　　　pū leng　pū leng
冒失鬼——扑棱！扑棱！

5.（单选）为什么说小狐狸是"冒失鬼"呢？（　　　）

（分析归纳能力）

　　A. 在雪地里辨认脚印

　　B. 把老鼠吃了

　　C. 把臭臭的鼩鼱当老鼠咬

　　D. 在树林中四处乱跑

6.（单选）小明同学想要练毛笔字，你知道毛笔的笔头是用哪种动物的毛制作的吗？（　　　）

（认读感知能力）

　　A. 貛　　　　　B. 狐狸　　　　　C. 老鼠　　　　　D. 猪

xuě xià miàn de shì jiè　　　xióng hé xiǎo niǎo
雪下面的世界——熊和小鸟

7.（单选）伶鼬妈妈的孩子饿了，它想钻到雪海深处抓下面哪种动物呢？（　　　）

A.柳雷鸟　　B.田鼠　　C.黑琴鸡　　D.花尾榛鸡

8.（单选）冬天了，每个动物的家都不一样，尤其是在雪后会来个大变样，你看下面这张图片里的洁白的别墅是谁的家呢？
（　　　）

A.獾　　　　B.田鼠　　　　C.熊　　　　D.伶鼬

jīng xiǎn cì jī de yóu xì　　　cōng míng de mǐ shā
惊险刺激的游戏——聪明的米沙

9.(排序)冬天了,道路不通,伐木工人是怎么把木材弄下山的呢? 没错,他们把这一系列操作称为"惊险刺激的游戏"。请帮他们写出正确的步骤吧。

(认读感知能力)

①不一会儿,雪地变成了一个天然的溜冰场。

②被砍伐下来的树木"嗖"的一下就能滑到河边。

③伐木工人把水浇到雪地上。

④被砍伐下来的树木躺在上面打个滚儿。

正确顺序: _____

10.(单选)米沙的聪明之处体现在哪里呢? (　　　　)

(分析归纳能力)

A.冬天下雪后耕地

B.冬天下雪后耕雪

C.建雪墙,防止风把雪墙吹走

guāng zhe tuǐ de xiǎo jiā huo　　jǐn jí tōng zhī
光 着 腿 的 小 家 伙——紧 急 通 知

11.（单选）冬天到了，竟然还有光着腿的小家伙，它是谁呢？

（　　　）

　　A. 小蚊子　　　　B. 小苍蝇　　　　C. 山雀　　　　D. 蝉蛹

12.（判断）每只鸟都有自己喜欢吃的食物，但也有不能吃的，所以我们喂它们时要注意。下面哪位小朋友的说法正确？对的画"√"，错的画"×"。

（推理解释能力）

山雀和鸸都喜欢吃油脂。（　　　）

山雀和鸸都喜欢吃加盐的油脂。（　　　）

山雀和鸸吃了加盐的东西会死。（　　　）

hòu niǎo men zěn me yàng le　　　　　āi jí　niǎo lèi de
候鸟们怎么样了？——埃及：鸟类的

tiān táng
天堂

13.(连线)这些候鸟迷路啦！请你为它们找到各自的迁徙地。

（分析归纳能力）

意大利

夜莺

英国

黄莺

埃及

椋鸟

非洲中部

法国南部

14.(单选)埃及虽然是鸟类的天堂，但只要（　　　）一出现，
鹬就不顾一切地逃命去了。

（信息提取能力）

A. 火烈鸟 　　　　B. 鹈鹕

C. 非洲乌雕

liè láng xíng dòng yī liè láng xíng dòng èr
猎狼行动（一）——猎狼行动（二）

15.（单选）语文书里也有数学题，聪明的你一定知道森林里一共有几只狼吧！（　　）

　A.1 只　　　　　B.4 只　　　　　C.5 只　　　　　D.6 只

16.（单选）母狼一家多可怜啊，我们要和动物们和谐相处，赶紧告诉它们正确的逃生路线吧。（　　）

A.

B.

17.(排序)森林里有着严格的森林法则,请你为下列动物享用晚餐的先后排序。

（分析归纳能力）

①狼　②渡鸦　③狐狸　④熊　⑤雕鸮

正确顺序：＿＿＿＿＿＿＿＿＿＿＿＿＿＿＿＿＿＿

18.(选词填空)下列植物为了保护冬芽都采取了什么样的措施呢? 请你告诉它们吧。

（认读感知能力）

①睡莲　　②卷耳　③艾蒿　④蝶须　⑤马蹄草
⑥银莲花　⑦铃兰　⑧款冬　⑨舞鹤草　⑩柳兰
⑪繁缕

用干枯的叶子包裹冬芽（　　　　　）

趴在地面上保护冬芽（　　　　　）

把冬芽藏在腐烂的根茎下面（　　　　　）

把冬芽藏在地下（　　　　　）

yì zhī xiǎo shān què　　wú bǐ cōng míng de xióng
一只小山雀——无比聪明的熊

19.（单选）人类的粮仓遭遇了老鼠的破坏,下面哪种动物不能帮助人类消灭鼠患?（　　）

　　A.伶鼬　　　B.黄鼬　　　C.白鼬　　　D.野狼

20.（单选）埃及的木乃伊之所以能够保存那么长时间,可能与交嘴鸟的哪个特性有关?（　　）

（分析归纳能力）

　　A.以云杉和松树的球果为食

　　B.四处流浪

　　C.尸体永远不腐烂

　　D.从不为食物发愁

14

尽情吃吧——冰上钓鱼

jìn qíng chī ba   bīng shàng diào yú

21.（判断）判断下列说法是否正确。对的画"√"，错的画"×"。

（推理解释能力）

（1）人们在阳台上放谷粒或面包渣是布置陷阱。

（　　）

（2）冬天，我们应该为小鸟准备食物。　　（　　）

（3）我们应该把小动物当成我们的朋友。　　（　　）

22.（排序）小猫要在冰上钓鱼，请你帮它梳理一下正确的步骤吧。

（信息提取能力）

①在冰面上凿个窟窿。

②在钓丝上系好带钩的金属片。

③把钓丝放到水里。

④寻找鱼群（一般在水坑里）。

_____

dà hǎo shí jī　　jīng xiǎn de yí mù
大 好 时 机——惊 险 的 一 幕

23.（单选）猎人们狩猎不仅有自己的独门技巧，还极其熟悉动物的习性。猎人们是用什么把狼群吸引来的？（　　）

　　A. 装满雪和牛粪的袋子　　　　B. 狼的叫声

　　C. 小猪的叫声　　　　　　　　D. 猎人自己

24.（单选）请你当一次老师，判断下面这些小朋友谁的读音正确吧！（　　）

心脏（zāng）

雪橇（qiào）

气喘吁吁（xū xū）

A

B

C

2月：一定要坚持住哇！—— 可怕的 "玻璃罩子"

25.（单选）冬天，大自然中有一对坏兄弟，让动植物们又怕又恨，可是还没办法。你知道它们是谁吗？（　　　）

A.雪和狂风　　　　　　B.雪和严寒

C.狂风和严寒　　　　　D.严寒和饥饿

26.（单选）"玻璃罩子"是指（　　　）。

A.困住山鹑的积雪

B.用玻璃做成的罩子

C.困住山鹑的玻璃罩子

D.积雪结成的冰

qīng wā hái huó zhe ma   kuáng huān rì
青蛙还活着吗？ —— 狂 欢 日

27.（多选）冬天里偶尔的暖阳就是动物们的狂欢日，你知道都是谁在狂欢吗？（　　　）

（信息提取能力）

    A.青蛙　　　　B.蚯蚓　　　　C.蜘蛛　　　　D.瓢虫

28.（判断）判断下列说法是否正确。对的画"√"，错的画"×"。

（推理解释能力）

（1）冬天，蝙蝠的体温是 37 摄氏度左右。　　　（　　　）

（2）夏天，蝙蝠的体温是 5 摄氏度。　　　（　　　）

（3）夏天，蝙蝠的脉搏是每分钟 200 下，冬天是每分钟 50 下。　　　（　　　）

（4）冬天，款冬是鲜活的。　　　（　　　）

hé hǎi bào ǒu yù   kuài lè de lěng shuǐ yù
和 海 豹 偶 遇 —— 快 乐 的 冷 水 浴

29.（判断）判断下列说法是否正确。对的画"√"，错的
画"×"。

（推理解释能力）

（1）海豹救了掉到冰窟窿里的渔夫。　　　（　　）

（2）驼鹿打架之前会甩掉鹿角以免影响战斗力。

　　　　　　　　　　　　　　　　　（　　）

（3）驼鹿战胜了狼。　　　　　　　　　（　　）

30.（单选）动物里也有喜欢冬泳的，那就是河乌，你知道
它为什么不怕冷吗？（　　　　）

（分析归纳能力）

A. 它的羽毛厚

B. 它穿着羽绒服

C. 它穿着防水服

D. 它的羽毛上覆盖着油脂，可以防水、保温

19

jiù mìng de bīng kū long   chūn de qì xī
救 命 的 冰 窟 窿 —— 春 的 气 息

31.（判断）判断下列说法是否正确。对的画"√"，错的
画"×"。

（推理解释能力）

（1）年轻的妈妈认为凿冰窟窿会让小孩掉下去，所以
不应该凿。   （   ）

（2）凿冰窟窿的人认为凿窟窿可以让鱼儿呼吸，不会
因缺氧而死，所以应该凿。   （   ）

（3）熊宝宝有熊皮大衣，所以不会冻死，而田鼠和老
鼠宝宝会被冻死。   （   ）

32.（多选）冬天到了，春天还会远吗？春天也有使者，在
向我们传递着它的气息。这个"使者"是谁呢？（   ）

（分析归纳能力）

A. 山雀   B. 啄木鸟   C. 雄松鸡   D. 水雀

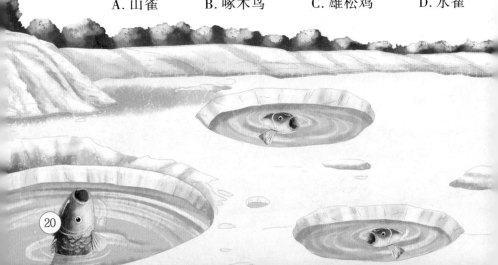

dǎ jià xiū jiàn fáng wū
打架——修建房屋

33.（多选）动物之间也存在着不和谐，它们有时也会打架。快看，是谁在打架？让我们劝劝它们吧。（　　　）

（信息提取能力）

　　A.两只雄麻雀　　　　B.一只雄麻雀和一只雌麻雀

　　C.两只猫　　　　　　D.猫和两只麻雀

34.（多选）大自然中也有勤快的动物，你看，平时喜欢聚在一起唱歌的它们也忙碌起来修建房屋，好为来年做准备。"它们"是谁呢？（　　　）

（信息提取能力）

　　A.乌鸦　　　　B.寒鸦　　　　C.麻雀　　　　D.鸽子

wèi xiǎo niǎo jiàn shí táng
为 小 鸟 建 食 堂 —— 可 爱 的 繁 缕
kě ài de fán lǚ

35.（单选）文中"奇怪的标志"的作用是什么？是谁提出的？（　　　）

（信息提取能力）

   A. 提醒人们减速慢行；学生科尔金娜

   B. 提醒人们注意有鸽子；学生科尔金娜

   C. 提醒人们注意有鸽子；司机科尔金娜

   D. 提醒人们减速慢行；司机科尔金娜

36.（单选）我们都知道"腊梅傲雪"，其实除了梅花之外，还有许多植物在冬天依然生长，请你从下列选项中选出来。（　　　）

（信息提取能力）

   A. 秋菊　　　B. 繁缕　　　C. 狗尾巴草　　　D. 款冬

chuān cháng qún de xiǎo bái huà shù
穿 长 裙 的 小 白 桦 树 —— shào nián yuán yì jiā
少 年 园 艺 家

jìng sài
竞 赛

37.（单选）小白桦树的"白色长裙"是指（　　　）。

（认读感知能力）

　A.人们刷的白石灰

　B.覆盖的雪

　C.积雪融化后结成的冰

　D.结的霜

38.（单选）苏联是从什么时间开始举办全国优秀少年园艺家竞赛的？（　　　）

（信息提取能力）

　A.1947 年　　　B.1957 年　　　C.1847 年　　　D.1937 年

fàng zhì bǔ shòu qì de jì qiǎo　　　qiān qí bǎi guài de

放置捕兽器的技巧——千奇百怪的

bǔ shòu qì

捕兽器

39.（排序）请你帮猎人整理用捕兽器抓貂和猞猁的正确步骤。

①戴手套把捕兽器放在雪上。

②煮一大锅针叶汤。

③用木耙轻轻耙掉一层雪。

④把捕兽器放在锅里浸泡。

⑤把耙下来的雪轻轻放回原位。

40.（多选）你知道要制作这样一种捕兽器，需要用到哪些材料吗？（　　　）

A.箱子　B.圆桶　C.铁丝　D.诱饵　E.横杆　F.柱子

duì fu láng de fāng fǎ ———— liè xióng qí yù
对付狼的方法 ———— 猎熊奇遇

41.（多选）小明爷爷家的羊总是被狼吃掉，却无可奈何，请你帮帮爷爷吧，给他推荐一些捕狼的方法。（　　　）

（迁移运用能力）

    A. 找一把猎枪

    B. 在羊圈周围挖上狼坑

    C. 在羊圈周围布置狼圈

42.（单选）塞索伊奇收养了什么？（　　　）

（信息提取能力）

    A. 小莱卡狗　　　B. 熊妈妈　　　C. 小熊　　　D. 莱卡狗

quán shū huí gù
全书回顾

43.（单选）小朋友，你还记得《森林报》的作者是谁吗？
（　　　）

　　A.泰戈尔　　B.维·比安基　　C.冰心　　D.休·洛夫廷

44.（选择填空）森林里的每一个月份各有各的特点，你能帮助每个月份找到专属的名称吗？

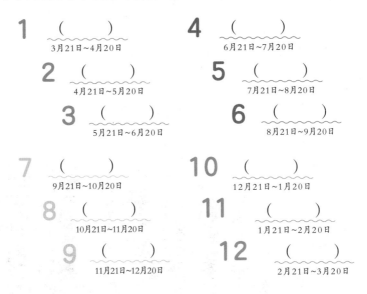

1　（　　　）
3月21日~4月20日

4　（　　　）
6月21日~7月20日

2　（　　　）
4月21日~5月20日

5　（　　　）
7月21日~8月20日

3　（　　　）
5月21日~6月20日

6　（　　　）
8月21日~9月20日

7　（　　　）
9月21日~10月20日

10　（　　　）
12月21日~1月20日

8　（　　　）
10月21日~11月20日

11　（　　　）
1月21日~2月20日

9　（　　　）
11月21日~12月20日

12　（　　　）
2月21日~3月20日

①天寒地冻月　　②冰雪降临月　　③森林迎春月
④幸福育雏月　　⑤忍饥挨饿月　　⑥储备粮食月
⑦学习本领月　　⑧万物苏醒月　　⑨欢歌热舞月
⑩候鸟离别月　　⑪苦苦煎熬月　　⑫幸福筑巢月

1 🐺 我是冬天里的小画家

　　读了《森林报·冬》,你是不是对冬天有了新的认识?
在狂风和严寒肆虐的冬天,其实还有许多有趣的事情。
那么,请拿出你的画笔,把你心中的冬天画下来吧,然
后向爸爸妈妈或者小伙伴介绍一下你心中的冬天。

2 我是爱心小天使

冬天到了，小鸟们很难找到食物，书中的人们都为小鸟准备了温暖的房子和充足的食物，那么你是不是应该向他们学习呢？请和你的爸爸妈妈一起为我们的好朋友小鸟搭建一个温暖的小屋，准备上充足的食物，并把你搭建的小屋拍下来，贴在下面吧。

3 我是小演员

《森林报·冬》这本书非常有趣，尤其是大雁预警的那个场景，相信如果你演出来会非常精彩。

示例：

人物：幼雁、雁爸爸、雁妈妈、猎人、马

剧情：幼雁一家因为有事落在了大部队后面，它们在草地休息的时候，负责警戒的雁爸爸发现一匹马在慢慢靠近。其实是有猎人拿着猎枪藏在马的后边。越来越近了，警惕的雁爸爸察觉到不对劲，向雁妈妈和幼雁发出了示警，猎人只能匆忙开枪，幼雁一家安全脱险。

4 我是小记者

读完《森林报·冬》，你是不是也想当个小记者呢？赶紧变身为小记者吧，去看看冬天动物园里有什么新闻，记录下来，给《森林报》投稿。

示例：

> **动物园里的冬天**
> 今天阳光明媚，动物园里的动物们都憋坏了，好不容易赶上个好天气。动物们争先恐后地出来晒太阳。看这只大熊猫多惬意，四脚朝天，闭着眼睛，可真会享受。

5 给小动物的一封信

在这本书中，我们认识了许多小动物，你最喜欢谁呢？
快给你喜欢的小动物写一封信吧。信里可以说说你喜欢它
的原因，还可以写一写其他想说的话。记得要写工整啊。

给＿＿＿＿＿＿＿的一封信

亲爱的＿＿＿＿＿＿，

　　你好！＿＿＿＿＿＿＿＿＿＿＿＿＿＿

＿＿＿＿＿＿＿＿＿＿＿＿＿＿＿＿＿＿＿＿

＿＿＿＿＿＿＿＿＿＿＿＿＿＿＿＿＿＿＿＿

＿＿＿＿＿＿＿＿＿＿＿＿＿＿＿＿＿＿＿＿

＿＿＿＿＿＿＿＿＿＿＿＿＿＿＿＿＿＿＿＿

＿＿＿＿＿＿＿＿＿＿＿＿＿＿＿＿＿＿＿＿

＿＿＿＿＿＿＿＿＿＿＿＿＿＿＿＿＿＿＿＿

　　祝你：

＿＿＿＿＿＿＿＿！

　　　　　　　　　　你的朋友：＿＿＿＿＿＿

　　　　　　　　　　　　＿＿月＿＿日

6 我爱分享

读到一本好书，我们应该分享给身边的朋友，让他们和我们一起接受熏陶。《森林报·冬》是一本值得推荐的书，我们应该把它推荐给身边的小伙伴，不过推荐书需要推荐语，请拿起笔，写下几条推荐语吧。

好词描红

精通　明媚　援助　舒服　清晨　遵守　天然　嘲笑

鼓舞　高超　结实　脆弱　庞大　关键　隐蔽　巧妙

柔和　清晰　惊诧　特殊　悠闲　呼啸　责任　调皮

活蹦乱跳　热火朝天　春暖花开　一无所获　无忧无虑　一干二净

直截了当　心满意足　迫不及待　七嘴八舌　乱七八糟　横七竖八

好句描红

　　雪花纷纷扬扬地落下来，像无数个橡皮擦，不一会就把原来的字迹和图画擦得干干净净，就像翻开了新的一页，页面上洁白干净，什么也没有。

　　冬天只剩下最后一个月了，它不甘心这么快就退场，更不想被人遗忘，于是便使出全身力气，把气温降到最低，把雪下到最大，丝毫不顾及在冰雪中挣扎的动物们。

　　太阳突破乌云的束缚，努力地把光和热撒向大地。天空厌倦了毫无生气的样子，脸色一天比一天蓝了。

参考答案

阅读测评

1.B

2.

松鼠 —— 超现实主义画作

老鼠 —— 摊开的手掌

喜鹊 —— 规整的小字

3.B

4.

cōng ← 聪明 → míng

chōng   níng

yuán ← 暖和 → hé

nuǎn   huo

5.C

6.A

7.D

8.B

9.③①④②

10.C

11.B

12.√ × ×

13.

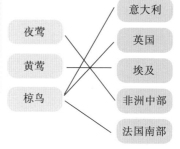

夜莺 —— 意大利 / 英国

黄莺 —— 埃及

椋鸟 —— 非洲中部 / 法国南部

14.C

15.D

16.A

17.④①③⑤②

18.用干枯的叶子包裹冬芽：⑪

趴在地面上保护冬芽：②④

把冬芽藏在腐烂的根茎下面：

①③⑤

把冬芽藏在地下：⑥⑦⑧⑨⑩

19. D

20. A

21. (1) ×　　(2) √　　(3) √

22. ④①②③

23. C

24. C

25. C

26. D

27. BCD

28. (1) ×　　(2) ×　　(3) √

　　(4) ×

29. (1) ×　　(2) √　　(3) √

30. D

31. (1) √　　(2) √　　(3) ×

32. ABC

33. AC

34. ABCD

35. B

36. B

37. C

38. A

39. ② ④ ③ ① ⑤

40. BDEF

41. ABC

42. C

43. B

44. 按照月份顺序:

③⑧⑨⑫④⑦⑩⑥②①⑤⑪

阅读活动

1. 略

2. 略

3. 略

4. 略

5. 范文:

　　　给小狐狸的一封信

亲爱的小狐狸:

　　你好! 你可真是个冒失鬼,哈哈。不过我喜欢你,觉得你很可爱,因为我和你一样,总是冒冒失失的。欢迎你来我家做客。

　　祝你:

　　越来越好,改掉冒失的毛病。

　　　　　你的朋友:小明

　　　　　　　12 月 22 日

6. 示例

　　这是一本故事书,更是一本百科全书。

　　一本让你意想不到的新闻报道。

36

和鸭就能闻着香味飞过来，津津有味地吃上一顿。也许为了答谢你，它们还会即兴唱一首歌或者跳一段舞呢！

有一个细节我要提醒你：在准备油脂的时候要注意，千万不要放盐，山雀和鸭很脆弱，吃了咸味的东西会不舒服。

来自国外的消息
lái zì guó wài de xiāo xi

候鸟们怎么样了？
hòu niǎo men zěn me yàng le

*

候鸟们已经到达栖息地了吗？它们在新家
hòu niǎo men yǐ jīng dào dá qī xī dì le ma　　tā men zài xīn jiā

生活得怎么样？作为《森林报》的编辑，我们
shēng huó de zěn me yàng　　zuò wéi　《sēn lín bào》de biān jí　　wǒ men

非常关心它们的情况。还好，我们及时收到了
fēi cháng guān xīn tā men de qíng kuàng　　hái hǎo　　wǒ men jí shí shōu dào le

一些来自国外的消息，通过这些信息，我们知
yì xiē lái zì guó wài de xiāo xi　　tōng guò zhè xiē xìn xī　　wǒ men zhī

道夜莺去了非洲中部；黄莺去了埃及；椋鸟没
dào yè yīng qù le fēi zhōu zhòng bù　　huáng yīng qù le āi jí　　liáng niǎo méi

有聚集在一个地方，而是分成几支队伍，一支
yǒu jù jí zài yí gè dì fang　　ér shì fēn chéng jǐ zhī duì wu　　yì zhī

去了法国南部，一支去了意大利，还有一支选择了英国。这没什么奇怪的，就像人类可以选择自己喜欢的东西一样，鸟也有选择的权利。翅膀长在它们身上，想去哪里就去哪里呗！反正它们去远方的目的非常简单——能吃饱喝足就行。

　　对于候鸟们来说，迁徙就像一次长途旅行。它们只是短暂停留，等到春暖花开的时候，还是要回到家乡的。所以它们不必卖力歌唱去取悦谁，也不用担心生儿育女的问题，吃饱喝足之后好好地休息一个冬天，耐心地等待归途，这才是正经事呢！

埃及：鸟类的天堂

*

埃及有数不清的河流、湖泊、海湾和沼泽，有丰富的食物来源，所以一到冬天，这里就变成了鸟类的天堂。

鹈鹕捕食的时候会使用它的秘密武器——喉囊。当它发现鱼群的时候，就会张开嘴巴把鱼和水一起收进喉囊中，然后再闭上嘴巴，通过喉囊的收缩把水挤出来，只留下美味的小鱼。

火烈鸟的腿又细又长。许多只火烈鸟聚在一起，就像一片粉红色的树林。鹬在里面穿过来穿过去，玩得正高兴，忽然，它看见了一个熟悉的身影：不好，非洲乌雕飞过来了！鹬突然神色慌张起来，不顾一切地逃命去了。火烈鸟依旧悠闲地望着远方，好像什么也没发生过一样。

就算你的数学再好，也没法数清面前有多少只鸟。假如现在有人朝着湖面开一枪，成千上万只鸟一起起飞，它们扇动翅膀的声音就能把人的耳朵震聋。由此可见，鸟的数量是多么的庞大。

狩猎故事

猎狼行动（一）

*

　　最近常有狼溜进农庄里，伤害居民们的绵羊和山羊。居民们恨得咬牙切齿，去城市里请来了几个猎人。

　　猎人们每人乘着一个雪橇，雪橇上装着两个大轮轴，轮轴上缠着长长的绳子，绳子上每隔半米就系着一面红色的小旗子。

·学而思大语文分级阅读·

"昨天晚上又来了一头狼，这是它的脚印。"居民们七嘴八舌地说。

"来的不是一头狼，而是一窝狼。"一个经验丰富的猎人解释道，"狼非常聪明，后面的狼总是会沿着前面那只狼的脚印前进。"

说完，猎人们沿着狼的脚印走进了森林里。果然，在森林中央，狼的脚印由一组变成了五组，说明至少有五只狼在这里出没。幸运的是从脚印可以看出，狼群还在森林里。

猎人们放开轮轴上的绳子，包围了整片森林，然后他们回到农庄里，给年轻力壮的居民们布置了一项特殊的任务，就去睡觉了。

猎狼行动（二）

*

半夜，狼群肚子饿了，准备去农庄里寻找食物。母狼走在最前面，公狼和四只小狼在后面排好队，踩着母狼的脚印往前走。

走着走着，母狼忽然停住了，因为它发现四周有很多小旗子。"人类已经设下了陷阱，我们不能冒险，先回家吧！"狼群无奈地回到洞穴里，饿着肚子睡着了。

第二天清晨，猎人们悄悄解下森林一侧的小旗子，然后躲在灌木丛里耐心等待着。这时，年轻力壮的居民们手持木棒，一边大声吆喝，一边用木棒敲打着树干，发出刺耳的声音。

狼群惊醒了，立刻朝着村庄的反方向逃窜，但看见那些小旗子时它们又停住了。怎么办？后面有人在追赶，前面是陷阱！

在这个紧急关头，母狼突然发现一条没有小旗子的小路，便带着狼群飞快地跑了过去。

"砰！砰！砰！"

狼群倒下了。它们万万没有想到，这条看似安全的小路才是真正的陷阱。

35

忍饥
挨饿月

冬天第二个月

yuè bái máng máng de shì jiè
1月：白茫茫的世界

*

xuě yì céng yòu yì céng de gài zài dà dì shàng dào chù dōu shì bái máng máng de shì jiè
雪一层又一层地盖在大地上，到处都是白茫茫的世界。

huā cǎo gān kū le shù mù xiū mián le lěng xuè dòng wù men duǒ zài jiǎo luò lǐ yí dòng yě bú dòng nán dào tā men jiù zhè yàng sǐ qù le ma
花草干枯了，树木休眠了，冷血动物们躲在角落里一动也不动，难道它们就这样死去了吗？

hā nǐ bèi piàn le sēn lín lǐ de jū mín men zǎo jiù zuò hǎo le guò dōng de zhǔn bèi sōng shù hé yún shān bǎ zhǒng zi guǒ zài hòu hòu de qiú guǒ lǐ lěng xuè dòng wù yě zài jī xù lì liàng děng dài zhe chūn tiān de dào lái ne
哈，你被骗了。森林里的居民们早就做好了过冬的准备。松树和云杉把种子裹在厚厚的球果里，冷血动物也在积蓄力量，等待着春天的到来呢。

nǐ rú guǒ hái shì bú fàng xīn jiù nài zhe xìng zi děng shàng yí huìr guò bù liǎo duō jiǔ jiù huì yǒu xiǎo niǎo zài zhī tóu fēi yuè yǒu xiǎo lǎo shǔ zài xuě dì lǐ pǎo lái pǎo qù tā men shì xuě dì shàng de xiǎo jīng líng zǒng shì néng ràng rén jīng shén zhèn fèn
你如果还是不放心，就耐着性子等上一会儿。过不了多久，就会有小鸟在枝头飞跃，有小老鼠在雪地里跑来跑去。它们是雪地上的小精灵，总是能让人精神振奋。

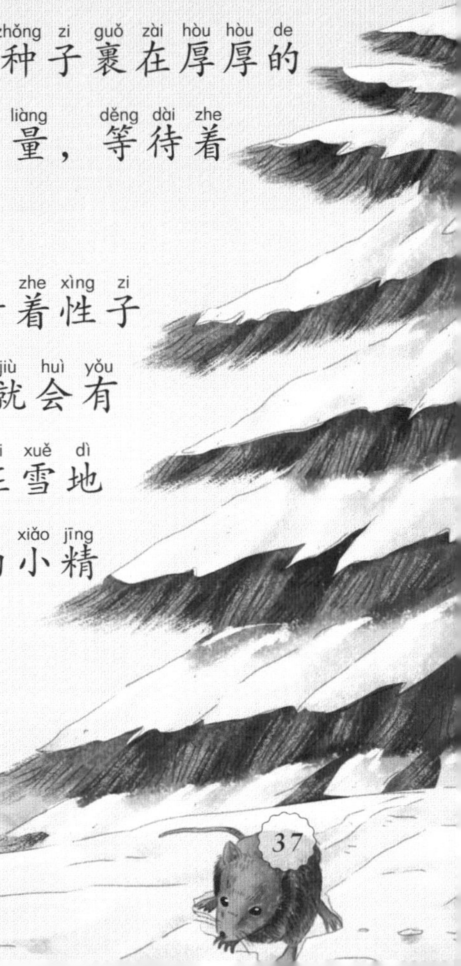

<ruby>森<rt>sēn</rt></ruby><ruby>林<rt>lín</rt></ruby><ruby>里<rt>lǐ</rt></ruby><ruby>的<rt>de</rt></ruby><ruby>新<rt>xīn</rt></ruby><ruby>闻<rt>wén</rt></ruby>

<ruby>最<rt>zuì</rt></ruby><ruby>重<rt>zhòng</rt></ruby><ruby>要<rt>yào</rt></ruby><ruby>的<rt>de</rt></ruby><ruby>事<rt>shì</rt></ruby>

*

<ruby>寒<rt>hán</rt></ruby><ruby>风<rt>fēng</rt></ruby><ruby>没<rt>méi</rt></ruby><ruby>日<rt>rì</rt></ruby><ruby>没<rt>méi</rt></ruby><ruby>夜<rt>yè</rt></ruby><ruby>地<rt>de</rt></ruby><ruby>在<rt>zài</rt></ruby><ruby>森<rt>sēn</rt></ruby><ruby>林<rt>lín</rt></ruby><ruby>中<rt>zhōng</rt></ruby><ruby>呼<rt>hū</rt></ruby><ruby>啸<rt>xiào</rt></ruby><ruby>着<rt>zhe</rt></ruby>，<ruby>穿<rt>chuān</rt></ruby><ruby>透<rt>tòu</rt></ruby><ruby>动<rt>dòng</rt></ruby><ruby>物<rt>wù</rt></ruby><ruby>的<rt>de</rt></ruby><ruby>皮<rt>pí</rt></ruby><ruby>毛<rt>máo</rt></ruby>，<ruby>让<rt>ràng</rt></ruby><ruby>它<rt>tā</rt></ruby><ruby>们<rt>men</rt></ruby><ruby>感<rt>gǎn</rt></ruby><ruby>受<rt>shòu</rt></ruby><ruby>到<rt>dào</rt></ruby><ruby>了<rt>le</rt></ruby><ruby>刺<rt>cì</rt></ruby><ruby>骨<rt>gǔ</rt></ruby><ruby>的<rt>de</rt></ruby><ruby>寒<rt>hán</rt></ruby><ruby>冷<rt>lěng</rt></ruby>。<ruby>爪<rt>zhuǎ</rt></ruby><ruby>子<rt>zi</rt></ruby><ruby>冻<rt>dòng</rt></ruby><ruby>僵<rt>jiāng</rt></ruby><ruby>了<rt>le</rt></ruby>，<ruby>腿<rt>tuǐ</rt></ruby><ruby>冻<rt>dòng</rt></ruby><ruby>僵<rt>jiāng</rt></ruby><ruby>了<rt>le</rt></ruby>，<ruby>全<rt>quán</rt></ruby><ruby>身<rt>shēn</rt></ruby><ruby>冷<rt>lěng</rt></ruby><ruby>得<rt>de</rt></ruby><ruby>像<rt>xiàng</rt></ruby><ruby>冰<rt>bīng</rt></ruby><ruby>块<rt>kuài</rt></ruby>。<ruby>不<rt>bù</rt></ruby>，<ruby>不<rt>bù</rt></ruby><ruby>能<rt>néng</rt></ruby><ruby>这<rt>zhè</rt></ruby><ruby>样<rt>yàng</rt></ruby><ruby>白<rt>bái</rt></ruby><ruby>白<rt>bái</rt></ruby><ruby>等<rt>děng</rt></ruby><ruby>死<rt>sǐ</rt></ruby>。<ruby>动<rt>dòng</rt></ruby><ruby>物<rt>wù</rt></ruby><ruby>们<rt>men</rt></ruby><ruby>尝<rt>cháng</rt></ruby><ruby>试<rt>shì</rt></ruby><ruby>着<rt>zhe</rt></ruby><ruby>跑<rt>pǎo</rt></ruby><ruby>一<rt>yi</rt></ruby><ruby>跑<rt>pǎo</rt></ruby>、<ruby>跳<rt>tiào</rt></ruby><ruby>一<rt>yi</rt></ruby><ruby>跳<rt>tiào</rt></ruby>，<ruby>身<rt>shēn</rt></ruby><ruby>体<rt>tǐ</rt></ruby><ruby>真<rt>zhēn</rt></ruby><ruby>的<rt>de</rt></ruby><ruby>变<rt>biàn</rt></ruby><ruby>得<rt>de</rt></ruby><ruby>暖<rt>nuǎn</rt></ruby><ruby>和<rt>huo</rt></ruby><ruby>起<rt>qǐ</rt></ruby><ruby>来<rt>lái</rt></ruby>。<ruby>但<rt>dàn</rt></ruby><ruby>这<rt>zhè</rt></ruby><ruby>还<rt>hái</rt></ruby><ruby>不<rt>bú</rt></ruby><ruby>够<rt>gòu</rt></ruby>，<ruby>如<rt>rú</rt></ruby><ruby>果<rt>guǒ</rt></ruby><ruby>不<rt>bù</rt></ruby><ruby>想<rt>xiǎng</rt></ruby><ruby>被<rt>bèi</rt></ruby><ruby>冻<rt>dòng</rt></ruby><ruby>伤<rt>shāng</rt></ruby>，<ruby>还<rt>hái</rt></ruby><ruby>得<rt>děi</rt></ruby><ruby>做<rt>zuò</rt></ruby><ruby>一<rt>yí</rt></ruby><ruby>件<rt>jiàn</rt></ruby><ruby>最<rt>zuì</rt></ruby><ruby>重<rt>zhòng</rt></ruby><ruby>要<rt>yào</rt></ruby><ruby>的<rt>de</rt></ruby><ruby>事<rt>shì</rt></ruby>：<ruby>填<rt>tián</rt></ruby><ruby>饱<rt>bǎo</rt></ruby><ruby>肚<rt>dù</rt></ruby><ruby>子<rt>zi</rt></ruby>。

<ruby>吃<rt>chī</rt></ruby><ruby>进<rt>jìn</rt></ruby><ruby>肚<rt>dù</rt></ruby><ruby>子<rt>zi</rt></ruby><ruby>里<rt>lǐ</rt></ruby><ruby>的<rt>de</rt></ruby><ruby>食<rt>shí</rt></ruby><ruby>物<rt>wù</rt></ruby><ruby>能<rt>néng</rt></ruby><ruby>产<rt>chǎn</rt></ruby><ruby>生<rt>shēng</rt></ruby><ruby>热<rt>rè</rt></ruby><ruby>量<rt>liàng</rt></ruby>，<ruby>让<rt>ràng</rt></ruby><ruby>全<rt>quán</rt></ruby><ruby>身<rt>shēn</rt></ruby><ruby>暖<rt>nuǎn</rt></ruby>

和起来。这种由身体内部产生的热量才是保护动物们安全过冬的关键。不用担心热量会散发到身体外面，因为动物们有厚厚的皮下脂肪，可以很好地保持住体温。

道理虽然没错，但现在去哪里寻找美味的食物呢？狼和狐狸在森林里转了一圈又一圈，依然一无所获。雕鸮苦苦搜寻了一夜，也没能填饱肚子，发出绝望的叫声。

是呀，动物们都躲在自己的小窝里，森林里除了白茫茫的雪，什么也看不见。想饱餐一顿，真不是一件容易的事呀！

晚餐

*

渡鸦们找哇找哇，终于发现了一具马的尸体。可它们刚落到马身上，雕鸮就来了。渡鸦惹不起雕鸮，呼啦一下全飞走了。

雕鸮撕下一块肉，还没来得及享用，又被狐狸赶走了。狐狸看着这块巨大的肥肉激动得两眼冒光，但它还没来得及吃，狼又来了。狐狸不想惹麻烦，立刻钻进了灌木丛。

狼霸占了马的尸体，正吃得津津有味，忽然发现熊在自己身后。狼害怕熊，只好夹着尾巴逃走了，但它并没有走远。

现在这块肉完完全全属于熊了，熊一直吃到肚皮圆溜溜的，才心满意足地回它的洞里睡大觉去了。

熊刚一走，躲在暗处的狼就来了。

láng chī bǎo yǐ hòu　　hú li cóng guàn mù cóng zhōng zuān chū lái　　yě
狼吃饱以后，狐狸从灌木丛中钻出来，也

měi měi de chī le yí dùn
美美地吃了一顿。

hú li zǒu hòu　　diāo xiāo yòu lái le
狐狸走后，雕鸮又来了。

diāo xiāo chī bǎo yǐ hòu　　dù yā men cái fēi huí lái　　chī le yí
雕鸮吃饱以后，渡鸦们才飞回来，吃了一

dùn bǎo fàn　　suī rán děng de shí jiān yǒu diǎn cháng　　dàn sēn lín yǒu sēn lín
顿饱饭。虽然等的时间有点长，但森林有森林

de fǎ zé　　bì xū zūn shǒu
的法则，必须遵守。

41

坚强的冬芽

*

植物们正在积雪下面悄悄积蓄力量。如果你走近它们，就会发现一些小芽芽已经迎着风雪冒出来了。

它们的冬芽就在高高的树枝上，很容易被发现：繁缕把干枯的叶子做成温暖的被子，包裹着娇嫩的冬芽；蝶须和卷耳趴在地面上，紧紧地保护着冬芽；艾蒿、旋花、草藤、睡莲和马蹄草把冬芽藏在腐烂的根茎下面，只有蹲下身子，瞪大了眼睛才能发现。

不管怎么说，这些草的冬芽都是长在地面上的，只要用点心思就能找到。但有一些草把冬芽藏在深深的地下，比如银莲花、铃兰、舞鹤草、柳兰、款冬，还有野蒜、顶冰花和紫堇，它们的冬芽选择在地下过冬，那里既安全又暖和。水生植物的冬芽藏在了厚厚的淤泥里，单用眼睛看是看不见的，等到来年春天，一眨眼的工夫，湖面上、池塘里就会绿油油的了，这是冬芽送给人们的惊喜。

一只小山雀

*

平时，小鸟们是不敢靠近人类的，但冬天的森林里没有食物，它们不得不壮着胆子来到人类居住的地方。

"有人类的地方就会有食物。"一只小山雀这样想着，飞进了记者们搭建的小木屋，大摇大摆地啄起桌子上的面包渣来。

这只小山雀长着黄色的羽毛，胸前有一道黑色的条纹，模样怪好看的。记者们兴致勃勃地盯着它，它发现了也不害怕，只管一下又一下地吃着。别看它的个头不大，胃口还真不小。吃完了面包渣，它还不满足，又在屋子里四处寻找蛐蛐和沉睡中的苍蝇。过了几天，蛐蛐和苍蝇都被它捉光了，它就抢记者们的面包吃。

gèng kě qì de shì　　tā bǎ zì jǐ dàng chéng le xiǎo mù wū de zhǔ
更可气的是，它把自己当成了小木屋的主

rén　　kàn jiàn shén me dōng xi dōu yào shàng qù zhuó jǐ xià　　zhuō zi shàng de
人，看见什么东西都要上去啄几下。桌子上的

shū　 jiǎo luò lǐ de zhǐ hé　 jiǔ píng sāi zi　 jì zhě de mào zi dōu
书、角落里的纸盒、酒瓶塞子、记者的帽子都

bèi tā zhuó de luàn qī bā zāo
被它啄得乱七八糟。

jì zhě men zài yě bù gǎn shōu liú zhè ge dà dù hàn le　　gǎn jǐn
记者们再也不敢收留这个大肚汉了，赶紧

bǎ tā gǎn le chū qù
把它赶了出去。

老鼠出没

*

冬天快要过去一半了，老鼠们储藏的食物差不多已经吃完了，它们不得不从洞里溜出来，四处去寻找新的食物。

对于老鼠们来说，这是一项非常危险的任务。因为森林里到处都是饥肠辘辘的敌人，伶鼬、黄鼬、白鼬全都瞪圆了眼睛，盯着雪地里的一举一动。只要老鼠一露头，它们就会冲过去毫不留情地把它们吞进肚子里。

老鼠们比谁都明白自己的处境，于是它们做出了一个大胆的决定：趁敌人不注意的时候离开森林，到人类的粮仓中去。粮仓里有吃不完的食物，还不用冒这么大的危险，想拿多少就拿多少。

老鼠的如意算盘打得真好，可是这样一来，人类就要遭殃了。我们辛辛苦苦种出来的庄稼，可不能让这些贼眉鼠眼的小偷偷走。大家要做好准备，保卫自己的胜利果实哟！这是每一个人的责任。

雪地里的快乐精灵

*

就在其他动物正与饥饿和寒冷做斗争的时候，交嘴鸟夫妇却在这个时候孵了一窝小鸟。它们像雪地里快乐的精灵，无忧无虑地在树枝上唱歌，从来不用为食物发愁，这是为什么呢？

原来，交嘴鸟喜欢吃云杉和松树的球果。哪里的球果丰收了，它们就飞到哪里去。所以，只要它们来到这片森林，那就说明这里有足够多的球果，根本不会饿肚子。当然，这也让交嘴鸟养成了四处流浪的习惯。只有当它们想要小宝宝时，才会找个合适的地方做窝下蛋。等小鸟学会飞翔，它们就会重新开始流浪。

交嘴鸟身上有一个特别神秘的现象：它们死后，尸体可以保存20年不腐烂。研究人员断定，正是这些球果里的松脂渗透到了交嘴鸟的身体里，对它们起到了保护作用。

据说，埃及的木乃伊就是从交嘴鸟身上得到启发才制作出来的。

无比聪明的熊

*

熊总是给人一种笨头笨脑的感觉，但实际上它们非常聪明。你不相信吗？那就接着往下读吧！

冬天来临的时候，一头熊在山坡上发现了一个土坑，土坑四周长满了小小的云杉树。这个土坑不大不小，正好可以容得下它。于是它在土坑里铺上树皮和苔藓，咬断了周围的一些云杉树，把它们横七竖八地搭在土坑上充当屋顶。这样，一个温暖又舒适的窝就搭好了。

熊认为自己的窝十分隐蔽，但还是没逃过猎狗的鼻子。一天，睡梦中的熊被猎狗的叫声惊醒。它一个激灵爬起来，在被子弹射中之前

tiào chū le tǔ kēng　　táo jìn le sēn lín lǐ　　liè rén dài zhe liè gǒu zhuī
跳出了土坑，逃进了森林里。猎人带着猎狗追

guò lái　　　què zěn me yě zhǎo bu dào xióng de yǐng zi　　nán dào tā píng kōng
过来，却怎么也找不到熊的影子，难道它凭空

xiāo shī le ma
消失了吗？

　　　cái bú shì　　xióng cáng zài le yì kē dà shù shàng　　nà kē shù bèi
　　才不是，熊藏在了一棵大树上。那棵树被

fēng zhé duàn le　　　ér shù gàn shàng de shù zhī yī jiù xiàng shàng shēng zhǎng
风折断了，而树干上的树枝依旧向上生长，

yǔ zhé duàn de dì fang xíng chéng le yí gè tiān rán de wō peng　xióng zài lǐ
与折断的地方形成了一个天然的窝棚，熊在里

miàn zhù de bié tí duō shū fu le
面住得别提多舒服了。

城市里的新闻
chéng shì lǐ de xīn wén

尽情吃吧
jìn qíng chī ba

*

duì yú xiǎo niǎo lái shuō　　zhè shì yì nián zhōng zuì nán áo de shí hou
对于小鸟来说，这是一年中最难熬的时候。

wài miàn bīng tiān xuě dì　　yòu méi yǒu shí wù kě yǐ chī　　zhè kě
外面冰天雪地，又没有食物可以吃，这可

zěn me bàn ne
怎么办呢？

bié zháo jí　　rén men bú huì wàng jì zhè xiē kě ài de xiǎo péng
别着急，人们不会忘记这些可爱的小朋

you　　nǐ qiáo　　zài chéng shì zhōng de yáng tái shàng　　jīng cháng kě yǐ kàn jiàn
友。你瞧，在城市中的阳台上，经常可以看见

miàn bāo zhā huò zhě tuō le ké de gǔ zi　　rú guǒ nǐ kàn dào le　　qiān wàn
面包渣或者脱了壳的谷子，如果你看到了，千万

bú yào yǐ wéi nà shì tiáo pí de hái zi men bù xiǎo xīn diào luò de　　nà kě
不要以为那是调皮的孩子们不小心掉落的，那可

shì hǎo xīn de shì mín wéi xiǎo niǎo men zhǔn bèi de miǎn fèi shí wù
是好心的市民为小鸟们准备的免费食物。

还有一些市民的心思更巧妙：把面包用绳子穿成一个大项链，挂在窗户外面，让小鸟们吃个够。

花园里的树枝上、台阶上会突然冒出来一些小篮子，篮子里装着面包和谷子，那也是好心人为小鸟们准备的食物。

可爱的山雀、蓝雀和黄雀，尽情吃吧，这绝对不是陷阱。人类为了让你们吃饱肚子绞尽了脑汁，就连孩子们也在努力想办法。有这些好心人在，你们再也不会饿肚子了。

学校里的小小森林

*

校园里开辟出了一片小小的森林，孩子们可以把捉来的动物放在里面。一开始大家都认为孩子们只是一时贪玩，过上一阵子就会把那些动物忘得一干二净，没想到他们真的把小动物当成了自己的伙伴和朋友，不但为它们精心准备小房子和食物，还把它们写进了自己的日记里。

自从有了这片小小森林，孩子们对动物产生了极大的兴趣。学校的领导和老师们注意到了这一点，于是趁热打铁（抓紧时机，利用机会去做），成立了少年自然界研究小组。小组成员们经

54

常到各处去参观游览，还跟着动物学家和植物学家学习了许多相关的专业知识。

今年夏天，少年自然界研究小组的成员离开熟悉的城市，到陌生的荒郊野外住了整整一个月。在这一个月里，小队员们观察动物、采集标本，忙得热火朝天。也许在不久的将来，他们就会成为真正的动物学家或植物学家呢！

<ruby>冰上钓鱼<rt>bīng shàng diào yú</rt></ruby>

*

在我们这里，悠闲的人们正在进行一项非常有趣的活动：冰上钓鱼。

在冰上钓鱼需要很高的技巧：首先，你得学会寻找鱼群。鱼群一般喜欢聚集在水坑里，水坑经常出现在河流的急转弯，或者小溪与河流交界的地方，找到它们就能找到鱼群了。

接下来你要在冰面上凿一个窟窿，然后把钓丝放进去。记住，钓丝上一定要系好带钩的金属片。

金属片在水中发出一闪一闪的亮光，河鲈鱼以为那是一条小鱼，一下子把金属片吞进嘴巴里，就这样上钩了。

钓江鳕鱼的方法更巧妙：先用马鬃做成一根钓鱼绳，在天黑以前把钓鱼绳投进冰窟窿中，钓鱼绳的另一端系着一根木棒，木棒横放在冰窟窿上。做好这一切后，垂钓者就可以放心地回家了。到了第二天早晨，拿起木棒，拉出钓鱼绳，一条肥嫩多肉的江鳕鱼便跟着拉了出来，真有意思！

狩猎故事
shòu liè gù shi

大好时机
dà hǎo shí jī

*

当人们都穿着厚厚的棉衣，在温暖的炉火旁取暖时，猎人们已经出发了。

这是一个充满机遇与挑战的季节。狼是一种非常谨慎的动物，它们平时不会到人类居住的地方，但现在它们太饿了，不得不冒着生命危险到农庄里寻找食物。这恰恰给猎人提供了猎狼的机会。

除了狼以外，还有一些冬眠的熊被猎人的枪声从洞穴里赶出来，它们不敢再返回去，只好在雪地里睡觉，因为这样可以提高警惕，便于自己逃走。但它们忘了，这样做会更容易被猎人发现。

还有一些不冬眠的熊，一直在森林里东游西荡，寻找食物，自然也成了猎人们的目标。

如果能够捕猎到一头狼或者一头熊，猎人们一定会高兴得发疯。可狼和熊都是凶猛的野兽，想捉到它们可不是一件容易的事，稍不小心就可能变成它们口中的食物。这可不是吓唬人的话，而是真实发生过的事。

胆子大的代价

*

人们总是嘲笑胆小的人，但有时候胆子太大了也不是什么好事。曾经有一位胆子特别大的猎人不听劝告，偏要独自一人乘坐马拉的雪橇去猎狼。

傍晚时分，猎人来到了森林里。他把一个装满牛粪和雪的袋子系在雪橇后面，把一只小猪塞进另一个袋子里，放在自己身边，只让它露出脑袋。

马拉着雪橇向前奔跑着，猎人端着枪站在雪橇上，时不时地揪一下小猪的耳朵。小猪发出凄惨的叫声，把饥饿的狼群吸引了过来。

狼群看见装满雪和牛粪的袋子，以为小猪在里面，便

bú gù yí qiè de pū le guò qù
不顾一切地扑了过去。

liè rén zhuā zhù jī huì kāi le yì qiāng yì tóu láng dǎo xià le
猎人抓住机会开了一枪。一头狼倒下了，

qí tā de láng xià de zuān jìn le shù lín lǐ
其他的狼吓得钻进了树林里。

liè rén cóng xuě qiāo shàng tiào xià lái qù kàn nà tóu bèi dǎ zhòng de
猎人从雪橇上跳下来，去看那头被打中的

láng jiù zài zhè shí bú xìng de shì fā shēng le láng qún tū rán yòu
狼。就在这时，不幸的事发生了。狼群突然又

pū le huí lái bǎ liè rén chī de zhǐ shèng xià le gǔ tou yuán lái tā
扑了回来，把猎人吃得只剩下了骨头。原来它

men bìng méi yǒu zǒu yuǎn ér shì yì zhí qiāo qiāo duǒ zài shù hòu miàn děng dài
们并没有走远，而是一直悄悄躲在树后面等待

shí jī ne
时机呢！

惊险的一幕

*

一天，守林人发现了一个大雪堆，他断定雪堆下面藏着一头熊，便请来了经验丰富的猎人。

一般情况下，熊从洞穴里跳出来的时候，会先向南跑，所以猎人让守林人带着两只猎狗站在雪堆北面，自己则端着猎枪站在雪堆西面。这样既可以保证守林人的安全，又能让他一枪打中熊的心脏。

做好准备之后，守林人放开猎狗。猎狗狂吠着冲到雪堆旁边，把熊惊醒了。熊吼叫着从雪堆下面跳出来，但它并没有向南跑，而是朝猎人扑了过去。

猎人手忙脚乱地开了一枪，子弹从熊的头顶上擦过去，打在了树上。熊被激怒了，死死地把猎人按到地上。两只猎狗扑过去咬住熊的屁股，但熊还是不肯松开。

守林人正在担惊受怕，突然，熊的身子一歪，倒在了地上，它的肚子上插着一把匕首。

猎人气喘吁吁地看着熊，手还在发抖。守林人早就吓得瘫倒在地上了。

苦苦
煎熬月

冬天第三个月

2月：一定要坚持住哇！

*

好不容易熬到了2月，离春天更近了。但对森林里的动物们来说，现在才是最难熬的时刻。

暴风雪越来越多，粮仓里已经没有食物了，野狼们不得不冒险溜进农庄里，叼走圈里的羊和牛。

晚上气温骤降，把松软的积雪变成了硬邦邦的冰。躲在下面睡觉的山鹑、花尾榛鸡和黑琴鸡怎么也啄不破，只能盼着太阳早点把冰融化，它们才能出来透透气。

暴风雪还没有离开，动物们还在苦苦挣扎。

再努力坚持一下，春天很快就要来了。

65

森林里的新闻
sēn lín lǐ de xīn wén

冬天发威了
dōng tiān fā wēi le

*

冬天只剩下最后一个月了，它不甘心这么
dōng tiān zhǐ shèng xià zuì hòu yí gè yuè le, tā bù gān xīn zhè me
快就退场，更不想被人遗忘，于是便使出全身
kuài jiù tuì chǎng, gèng bù xiǎng bèi rén yí wàng, yú shì biàn shǐ chū quán shēn
力气，把气温降到最低，把雪下到最大，丝毫
lì qi, bǎ qì wēn jiàng dào zuì dī, bǎ xuě xià dào zuì dà, sī háo
不顾及在冰雪中挣扎的动物们。
bú gù jí zài bīng xuě zhōng zhēng zhá de dòng wù men

有些动物找不到食物，又冷又饿，已经悄
yǒu xiē dòng wù zhǎo bú dào shí wù, yòu lěng yòu è, yǐ jīng qiǎo

无声息地死去了。

由于缺乏食物，存活下来的动物也变得比以前更瘦，更虚弱，好像一阵风就能把它们吹倒似的。

在这么艰苦的环境下，动物们能顺利熬过去吗？真为它们捏把汗。

就在人们都在担心的时候，好心的雪精灵安慰大家："你们想得太多了。仔细想一想啊，每年春天到来的时候，动物们都会活蹦乱跳地出现在人们面前，丝毫没有受到冬天的影响，它们的生命力比你们想象得顽强多了，没什么可担心的。"

是呀！不管冬天的环境多么恶劣，总有许多动物坚强地挺了过来，它们真是好样的！

一对坏兄弟

*

大自然中有一对让小动物们感到非常害怕的坏兄弟。它们是严寒和狂风。每年冬天，它们都会在大自然里干一些坏事。

你瞧，它们手拉着手从森林里走过，身后就出现了大大小小的尸体，有小鸟的，有昆虫的，还有各种兽类的，它们全是被这对坏兄弟给冻死的。

严寒本来已经吓得小动物们都藏起来了，狂风偏偏还要把严寒带到它们藏身的地方，让它们没处躲，没处藏。

这样折腾还不够，它们还联起手来向在空中飞翔的鸟类发起攻击。就连抵抗力非常强的乌鸦，也没经受住打击，直挺挺地落到地上，身体僵硬得像一块冰冷的石头，可怜极了。

但并不是所有动物都害怕严寒和狂风，比如那些吃肉的猛禽猛兽们。它们倒盼望着严寒和狂风来得更猛烈些，这样地上就会有更多的动物尸体，它们便可以毫不费力地填饱肚子，安全过冬了。

可怕的"玻璃罩子"

*

今天真是个好天气。

阳光暖暖地照耀着大地，把雪地最上面的积雪融化了。一群山鹑高兴极了，赶紧飞过来，在雪地里挖了一个洞，躲在里面舒舒服服地睡着了。

到了晚上，气温急剧下降，山鹑睡得正香，丝毫没有察觉。第二天早晨，山鹑一觉醒来突然觉得呼吸有点困难，它呼扇着翅膀想出去透透气，可是"咚"的一声，它的头好像撞到了什么东西。山鹑抬起头，发现头顶上出现了一个薄薄的玻璃罩子，把它罩得严严实实

的，难怪会透不过气来。

"小小的玻璃罩子也想困住我吗？"山鹑不服气，用足力气向玻璃罩子冲过去。

"咚！咚！咚……"它不停地用小小的脑袋撞击着玻璃罩子，但上面连一丝裂纹也没有。山鹑又气又急，加大力气不停地撞着，直到头破血流。只是它到最后都不知道，那根本不是玻璃罩子，而是积雪结成的冰。

青蛙还活着吗？

*

　　在这个天寒地冻的季节，池塘里的情况怎么样呢？我们的记者怀着好奇的心情，打破池塘里的坚冰，挖出了一些淤泥。他们把淤泥放在地上仔细观察，突然发现里面竟然包裹着几只青蛙。

　　这些青蛙的情况看起来非常不妙：全身僵硬，看起来像是摆放在玩具商店橱窗里的玻璃青蛙。用手指轻轻敲一下，还会发出清脆的响声。记者们小心翼翼地把青蛙捧在手心里，仿佛捧着的是极其珍贵的宝物，生怕它们一不小

·学而思大语文分级阅读·

xīn diào zài dì shàng　　huì shuāi gè xī suì
心掉在地上，会摔个稀碎。

qīng wā hái huó zhe ma　　jì zhě men fēi cháng dān xīn　　biàn
"青蛙还活着吗？"记者们非常担心，便

bǎ qīng wā dài huí wēn nuǎn de wū zi lǐ　　qīng wā xiàng bīng kuài yí yàng kāi
把青蛙带回温暖的屋子里。青蛙像冰块一样开

shǐ màn màn róng huà　　guò le yí huìr　　tā men de shēn zi dòng le yí
始慢慢融化，过了一会儿，它们的身子动了一

xià　　yǎn jing yě kāi shǐ zhuàn dòng le　　yòu guò le méi duō jiǔ　　tā men
下，眼睛也开始转动了。又过了没多久，它们

jiù yú kuài de zài dì shàng tiào lái tiào qù　　hā　　qīng wā méi yǒu sǐ
就愉快地在地上跳来跳去。哈，青蛙没有死，

tā men zhǐ shì huó ní tǔ yì qǐ bèi dòng jiāng le　　děng dào míng nián chūn
它们只是和泥土一起被冻僵了。等到明年春

tiān　　tā men jiù huì sū xǐng guò lái fàng shēng gē chàng
天，它们就会苏醒过来放声歌唱。

沉睡中的蝙蝠

*

在托斯诺河的岸边有一个岩洞，一到冬天那里就成了大耳蝠和棕蝠的聚集地。天气刚刚变冷的时候，这些蝙蝠们就进入了梦乡，到现在已经睡了整整5个月。

蝙蝠的睡姿很奇特：两只爪子牢牢地抓住洞顶上粗糙的岩石，头向下耷拉着，再把翅膀往身上一裹，把自己紧紧地抱起来，只露出脑袋，像是包裹在被子里的婴儿一样。

大耳蝠有一对大耳朵，要是一直耷拉着可不太舒服，于是它们干脆把耳朵也藏在翅膀底下。这绝对算得上高难度的姿势，连杂技演员们都很难做到。

我们的记者细心地为蝙蝠们测量了脉搏和体温，发现它们此刻的脉搏是每分钟

50下，体温是5摄氏度，而在夏季，它们的脉搏是每分钟200下，体温在37摄氏度左右。看上去差距很大，但是不用担心，它们目前都非常健康。一到两个月之后，它们自然就会醒过来。

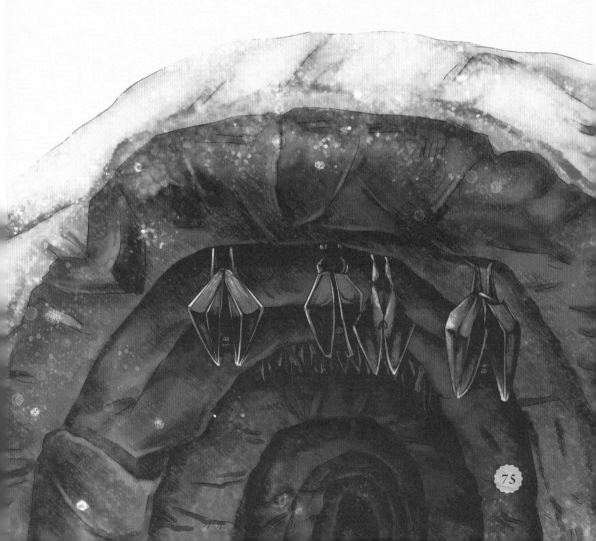

75

穿着薄衣服的款冬

*

今天，我在大厦南侧发现了一株款冬。也许你会说，在这个季节干枯的款冬并不少见，但我看见的这株款冬却是鲜活的，黄色的花朵在寒风中昂着头，活像一个个小太阳。为什么这株款冬没有被冻死呢？我蹲在地上仔细观察，发现它的茎上有一层鳞片似的小绒毛，像是穿了一件薄薄的衣服。

这个发现让我喜出望外，但我们穿着厚厚的衣服还冻得瑟瑟发抖，款冬只穿了一件薄薄的衣服就能抵抗严寒吗？就在我苦苦思索的时候，一缕热气从款冬下面飘出来。这时我才发现，其他地方都被冰雪覆盖着，可是款冬附近

的土地上却没有积雪，而且还是湿漉漉的。原来，是暖气的管道从这里经过，而这里恰好又位于大厦南侧，向阳又背风，这些条件综合在一起，就给款冬提供了一个温暖的环境，让它在冰雪中依然可以美丽绽放。

帕甫洛娃

狂欢日

*

虽然是冬天，但也不是每一天都冷得刺骨。比如今天，太阳暖洋洋地照着大地，像是春天来了一样。

冰雪融化了，在冰雪中躲避了很久的小家伙们知道，这样的日子在冬天并不多见，于是它们从角落里爬出来，抓住这个难得的机会尽情狂欢。

蚯蚓、潮虫、蜘蛛、瓢虫，呼朋引伴地来到一根裸露在外面的树根上。它们伸伸腿，抖抖翅膀，顺着树根爬上爬下，在雪地里蹦蹦跳

跳或者在空中欢快地舞蹈。多么欢乐又温暖的
一天哪！

可惜，太阳的身体还没有那么强壮。它只
照了几个小时，就没有力气了。

"严寒马上就要来临，大家快回家吧！"
太阳好心地提醒狂欢的小家伙们。

虽然大家都还没玩够，但它们心里都明
白，真正的春天还没有到来，严寒仍然是现在
的霸主。于是，它们都乖乖地回到家中，心里
默默盼望着：下一次狂欢日早点到来吧！

和海豹偶遇
hé hǎi bào ǒu yù

*

一个渔夫在涅瓦河的冰面上寻找鱼群的时候，发现前面有个冰窟窿。他好奇地走过去，伸着脖子聚精会神地往下看。突然，一个光溜溜的脑袋从冰窟窿里钻了出来。

"天哪，有人掉进冰窟窿里了。"渔夫吓了一跳，刚要大声呼救，那个脑袋却转过来了。它的皮肤光溜溜的，脸上还长着小胡子，眨巴着两只眼睛看着渔夫。

"我的天，原来是只海豹！我还以为……"渔夫忍不住哈哈大笑起来。

海豹看见渔夫，感到非常意外。它本来正在水中捕鱼吃，看见这个冰窟窿，就想探出脑袋透透气，谁知刚一露头就遇见了渔夫。它可没工夫和渔夫交谈什么感想，赶紧一头扎进水里逃命去了。伙伴们都是从冰窟窿里探出脑袋时被渔夫抓住的，海豹怎么会不知道呢！不过渔夫对于这一次的偶遇，却觉得非常开心。

méi yǒu jiǎo de yǒng shì
没有角的勇士

*

一头驼鹿和一头公鹿正在悠闲地散步，突然，两头狼慢慢逼近了它们。

驼鹿和公鹿发现了，但它们没有立刻反击，而是低着头用力地在树干上蹭啊蹭，甩呀甩，直到把笨重的鹿角甩掉才停下来。

原来，它们的鹿角又大又笨，在战斗的时候会成为累赘，所以它们要把鹿角甩掉。

两头狼不知道它们为什么这么做，嘲笑起它们来："哈哈，真是两头傻鹿，竟然把自己的武器丢掉，是在等着被我们吃掉吗？"它们心花

怒放地朝着两头鹿扑过去，谁知，事情完全出乎意料，跑在前面的狼还没明白怎么回事，就被驼鹿踢翻在地。接着，驼鹿来了个漂亮的转身，又把第二头狼撂倒了。

驼鹿得意地呼唤着公鹿，迈着轻巧的步子跑到小河边，看着自己光秃秃的脑袋，它们一点也不担心，因为用不了多长时间，鹿角就会重新长出来。

快乐的冷水浴

*

一天，我们的记者正在河边休息，突然，一声清脆的鸟叫声从河面上传来。他顺着声音看过去，只见一只小鸟正在冰面上东张西望。

"天呀，小鸟肯定被冻坏了。"记者不放心，便小心翼翼地靠近小鸟，想把它捉住。但小鸟并不领情，竟然扑通一声跳进了冰窟窿里。

"糟糕！"记者焦急地朝冰窟窿里一看，顿时大吃一惊，小鸟正用翅膀划着水，快活地

84

游泳呢！游了一会儿，它潜入水底，用嘴巴搬开一块石头，从下面叼出一只小甲虫，吞进了肚子里。吃饱以后，它从另外一个冰窟窿里钻出来，抖抖身上的水，大摇大摆地走了。

"这是什么鸟？"记者望着小鸟，脑袋里充满了疑问。

我们研究之后发现，这是一种叫河乌的水雀。它的羽毛上覆盖着一层油脂，当它潜入水中时，涂满油脂的羽毛就变成了一件不透水的羽绒服，所以即使潜入冰冷刺骨的水中，河乌也不怕。

救命的冰窟窿

*

冰面上出现了几个大大小小的冰窟窿，年轻的妈妈沉着脸，责怪凿冰窟窿的人太不负责任，万一小孩子掉下去可就麻烦了！可是凿冰窟窿的人却一脸得意地说："我们凿冰窟窿，就是为了救好多条性命！"

这是怎么回事？你一定听糊涂了。

原来，到了水面结冰的季节，鱼群就躲在河底的水坑里睡大觉。水面上的冰像个透明的

盖子一样，把整条河都盖住了。时间一长，河底的空气越来越稀薄，鱼群就会喘不上气来。

这时，身体强壮的鱼从河底游上来，用嘴巴去吸冰盖上的小气泡。而身体虚弱的鱼就没那么幸运了，它们张着嘴巴大口大口地喘气，坚持不了多长时间就会因为缺氧而死了。

人们意识到这个问题后，想出了一个聪明的办法：在冰面上凿冰窟窿，让鱼群随时都可以透透气。

这样看起来，凿冰窟窿还真是一件大好事呢。

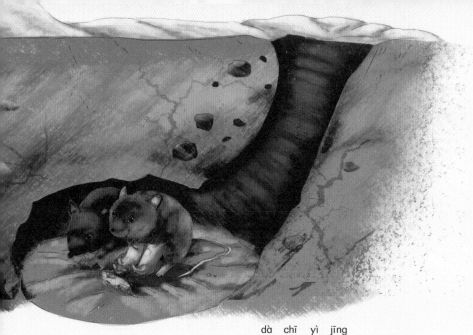

大吃一惊
dà chī yì jīng

*

　　白茫茫的积雪覆盖着大地，在夏季活蹦乱跳的小生命们都已经葬身雪海了吗？我们不愿意相信这个事实，决定展开一项有趣的工作——挖雪井，结果让我们大吃一惊！

　　当我们把雪一点点挖开，逐渐露出地面的时候，一抹绿色突然映入眼帘。尖尖的嫩芽、翠绿的茎，直挺挺地从枯草中站立起来。它们竟然没被积雪压垮，这真是个惊喜。

　　随后，我们在挖另外一口雪井时，发现了

老鼠的秘密地道。老鼠们就是通过这些地道去寻找食物的。

熊宝宝在雪地里出生了，但它们一出生就穿着熊皮大衣，根本不怕冷。

老鼠宝宝和田鼠宝宝就没那么幸运了，它们出生的时候光溜溜的，连衣服都没穿。但鼠爸鼠妈们在孩子出生前，已经在树根上搭建了一个温暖的窝。外面冰天雪地，窝里面却像春天一样温暖。

这个世界真是比我们想象得更加精彩。

春的气息

*

不管冬天再怎么努力，它的力量也已经大不如前了。地面上的积雪收敛起耀眼的光芒，变得低调而顺从，好像在随时等待着阳光把它们融化。屋檐下的冰柱没有了盛气凌人的气势，"啪嗒啪嗒"地掉着眼泪。

太阳突破乌云的束缚，努力地把光和热撒向大地。天空厌倦了毫无生气的样子，脸色一天比一天蓝了。

终于，有一点春的气息了。

山雀挥舞着翅膀"喳喳"地叫："脱掉棉袄，我们来迎接春天吧！"

啄木鸟愉快地敲着鼓点："笃！笃！笃！我们来狂欢吧！"

雄松鸡等不及了，用坚硬的翅膀在冰雪上

不耐烦地划着，身后留下一串奇怪的痕迹。

猎人们看到这些划痕，高兴得手舞足蹈：

"用不了多久，林中音乐会就要开始了，到那个时候就可以好好地试试我的猎枪了。"

不管冬天多么不愿意，春的气息还是扑面而来了。

chéng shì lǐ de xīn wén
城市里的新闻

dǎ jià
打 架

*

dà jiē shàng rén lái rén wǎng　shuí yě méi zhù yì dào　liǎng zhī má
大街上人来人往，谁也没注意到，两只麻
què zhèng zài kōng zhōng dǎ jià
雀正在空中打架。

dǎ jià de shì liǎng zhī xióng má què　tā men shuí yě bú ràng shuí
打架的是两只雄麻雀，它们谁也不让谁，
zhè zhī zhuó diào le nà zhī de yǔ máo　nà zhī zhuā pò le zhè zhī de nǎo
这只啄掉了那只的羽毛，那只抓破了这只的脑
dai　yǔ máo xiàng xuě huā yí yàng zài kōng zhōng fēi wǔ　jī ji zhā zhā de
袋。羽毛像雪花一样在空中飞舞，叽叽喳喳的
jiào shēng cóng tóu dǐng shàng chuán lái　qí guài de shì　rén men dōu zài máng
叫声从头顶上传来。奇怪的是，人们都在忙
zhe zì jǐ de shì　gēn běn gù bú shàng kàn yì yǎn
着自己的事，根本顾不上看一眼。

fáng yán shàng de yì zhī cí má què kàn jiàn le　dàn zhè yàng de qíng
房檐上的一只雌麻雀看见了，但这样的情
jǐng tā jiàn de tài duō le　yì diǎn yě bù jué de xīn xiān　jìng rán mī
景它见得太多了，一点也不觉得新鲜，竟然眯

着眼睛打起盹来。

　　麻雀的战争没有引起任何人的注意，但猫的战争却着实把人吓了一跳。

　　深夜，人们都进入了梦乡。突然，一阵凄厉的叫声从屋顶上传来，一只猫把另一只猫从高高的屋顶上踢了下去。人们被惊醒了，赶忙跑到院子里。还好虚惊一场，猫落下来的时候四脚着地，没有伤到自己。

　　"春天真的要来了。"人们没好气地说了一句，又回去睡觉了。

　　夜晚又恢复了平静，就好像什么也没有发生过一样。

修建房屋

*

平时最喜欢聚在一起聊天唱歌的小鸟们，现在都忙碌了起来。

已经有老巢的鸟在忙着修理，好让自己安然度过风雨的洗礼。夏天出生的小鸟从长辈那里学来了本领，也开始动手为自己筑巢了。

乌鸦、寒鸦、麻雀、鸽子，到处在寻找合适的建筑材料。树枝、麦秸、绒毛、马鬃……这些我们看不上的垃圾，在它们眼里都变成了宝贝。

为小鸟建食堂

*

今年冬天，我和同学舒拉做了一件大事——为小鸟建造食堂。

我们在木板上挖出一个浅浅的凹槽，在里面撒上一些小谷粒，然后把木板放在森林里。很快，小鸟们就被吸引过来了。一开始它们有点害怕，不敢靠近。但几天之后它们就习惯了来这里吃饭，现在我们每天早晨都会为它们准备喜欢的食物，它们越来越喜欢这里了。

瓦里西·格里德涅夫

亚历山大·叶甫谢耶夫

95

奇怪的标志

qí guài de biāo zhì

*

你一定已经见过各种各样的交通标志，但我下面要说的这种，也许你还没见过。

这是一个红色的圆形标志，在圆形中有一个黑色的三角形，三角形里有两只白色的鸽子。对，这个标志就是想提醒过往的车辆，注意这里的鸽子。

这个标志就贴在街道拐角处的一座房子上，非常醒目。司机们一看到这个标志就会减慢速度，小心翼翼地绕过在马路上啄食的鸽子，还有站在人行横道上喂鸽子的孩子们。虽然这样做会让行进速度慢下来，但司机们没有任何怨言。

为鸽子专门设计交通标志，是一个叫科尔金娜的小学生提出来的。起初这个标志只是悬挂在莫斯科街头，但很快就传遍了大街小巷。只要有鸽子的地方，都能看到这个标志。

真正爱鸟的人们会从心底里为它们着想，让我们为科尔金娜鼓掌吧。

可爱的繁缕

*

等了一个冬天，田野里的土终于开始解冻了。我拿着铁锹去挖了一些种花用的土，回来的时候，我突然想起了之前为金丝雀种的繁缕。

繁缕是在田间地头最常见的一种杂草，它们的叶子总是绿油油的，开着白色的小花。那些花小小的，远远看上去就像一颗颗小星星。

繁缕的生命力非常顽强，在适合生长的季节，就算周围的环境不太好，它们也能以惊人的速度长起来，稍不注意，就能爬满整个菜园。

但我的繁缕种得晚了，冬天来临之前，它们才刚刚长出嫩绿的小芽。现在它们怎么样了呢？那两片娇嫩的小叶子和柔弱纤细的茎肯定早就被大雪压垮了吧？我忐忑不安地走进菜园，惊讶地发现它们不但健康地长大了，而且还长出了小小的花蕾。

啊！可爱的繁缕，谢谢你们给我的惊喜，我真想给你们一个大大的拥抱。

帕甫洛娃

99

穿长裙的小白桦树

*

今天，我第一次发现，我家门前的小白桦树竟然这么美。

从昨天傍晚，天上就开始飘雪了。雪下得不大，刚刚落到小白桦树上就融化了，小树变得湿淋淋的。但到了半夜，气温骤然下降，白桦树身上的雪水就被冻成了一层薄薄的冰。于是第二天早晨，小白桦就穿上了一层晶莹透明的白色长裙，像一位身份高贵的公主一样，别提多漂亮了。

几只长尾山雀也被吸引过来，但它们不是来欣赏小白桦的，而是想在小白桦身上寻找食物。它们把小小的爪子搭在树干上，用尖尖的嘴巴不停地啄起来。可是树干太滑，冰层又太硬，它们忙活了半天却一无所获，只好灰溜溜

地飞走了。

过了一会儿太阳出来了，温暖明
媚的光芒照在白桦树上，亮晶晶
的长裙变得越来越薄，不一会
儿就融化成了水，顺着树干流
下来。脱下长裙的白桦树，
显得更精神了。

维丽卡

101

shào nián yuán yì jiā jìng sài

少年园艺家竞赛

*

从1947年开始，苏联每年都要举行全国优秀少年园艺家竞赛。这是500万少年园艺师们最期盼的节日。

"为国家多增添一抹绿色"，是这些少年园艺师们的责任。每个少年园艺师都为自己的职责感到骄傲和自豪，他们把自己种下的每一棵树都当成自己的孩子，小心看管着，精心照料着，希望它们都能健康地成长。

1949年，几百万名苏联列宁少年先锋队和中小学生加入了少年园艺师的队伍。他们除了植树造林、绿化公园和林荫道外，还有许多新任

·学而思大语文分级阅读·

务，比如：在每所学校开辟一个果园，种上各种各样的果树，让果味飘满校园；绿化街道，让每条大街小巷都绿树成荫；在沟壑里种植灌木和树木，保护农田，等等。

任务非常艰巨，但有压力才有动力，大家干得非常起劲。等着看吧，今年的少年园艺师大赛上，他们一定会拿到不错的成绩。

狩猎故事
shòu liè gù shi

放置捕兽器的技巧
fàng zhì bǔ shòu qì de jì qiǎo

*

wèi le shùn lì bǔ liè dào dòng wù　　liè rén men shè jì le wǔ huā
为了顺利捕猎到动物，猎人们设计了五花

bā mén de bǔ shòu qì　　dàn shì bǔ shòu qì néng bu néng fā huī zuò yòng
八门的捕兽器，但是捕兽器能不能发挥作用，

hái yào kàn liè rén shì fǒu huì qiǎo miào de fàng zhì tā men
还要看猎人是否会巧妙地放置它们。

shǒu xiān　　nǐ yào gēn jù dòng wù chū xíng de tè diǎn　　què dìng fàng
首先，你要根据动物出行的特点，确定放

zhì bǔ shòu qì de wèi zhì　　shì fàng zài dòng kǒu zhèng qián fāng　　hái shì dòng
置捕兽器的位置，是放在洞口正前方，还是洞

kǒu páng biān　　shì fàng zài dòng wù jiǎo yìn mì jí de dì fang　　hái shì fàng
口旁边？是放在动物脚印密集的地方，还是放

· 学而思大语文分级阅读 ·

在脚印交错的地方？这都要好好琢磨一下。

确定好位置之后，还要研究捕兽器怎么放。就拿貂和猞猁来说吧，这两种动物的警惕性极强，只要发现哪里有陌生的气味，或者发现哪里的雪被动过，它们就会逃走。

如果想用捕兽器捉到它们，必须先煮一大锅针叶汤，把捕兽器放在里面浸泡，让捕兽器沾满针叶的味道。然后要用木耙轻轻耙掉一层雪，再戴上手套把捕兽器放在上面，最后还要把耙下来的雪轻轻地放回原位。这是一项非常细致的工作，一定要小心谨慎，不能留下一丝痕迹。

千奇百怪的捕兽器

*

捕兽器千奇百怪，但都遵循一个原则：让小兽毫无防备地钻进去，却怎么也出不来。现在请试着跟我做两种不同的捕兽器吧！

第一种捕兽器是用箱子和铁丝做成的，把箱子的一端作为入口，里面放上小兽喜欢吃的食物，用粗铁丝做成一扇小门，下端向箱子里倾斜，好让小兽能轻松地钻进去。铁丝门的高度要超过箱子的高度，这样小兽从里面往外推门的时候，门就会被死死卡住，怎么也推不开。

第二种捕兽器需要一个上面开口的圆桶，在桶的中间部位开两个小孔，小孔中插入一根横杆。把横杆的两端固定在两根结实的柱子上，再在两根柱子中间挖出有半个圆桶那么高的坑。做好之后，把诱饵放在圆桶的底部，然后把圆桶平放在横杆上，要保证圆桶的底部悬在坑上。当小兽钻进去吃食的时候，圆桶底部向下倾斜，小兽就会掉进圆桶中。

对付狼的方法

*

捕狼的时候除了使用猎枪，我们还可以挖一个狼坑。坑的大小比狼的身体稍微大一些就行，坑壁要直上直下，不要有坡度。然后把树枝、苔藓、麦秸等均匀地铺在顶上，再把雪盖在上面，狼坑就做好了。

除了狼坑以外，聪明的猎人还发明了狼圈。

在空地上钉一圈木桩，木桩的空隙要小，不能让狼钻进去。做好以后，在这圈木桩的外面再钉一圈木桩，并安一扇门，要向里开。两圈木桩之间的间隔刚好能让一头狼通过。做好以后，把一只小羊羔放在木桩中间的空地上。

用不了多长时间，小羊羔的叫声就会引来一群狼。狼

108

排着队推开门，在两圈木桩中间走了一圈发现出不去，想转身，地方太小了。气急败坏的狼只能用头去撞门，但门是朝里开的，用力一撞就紧紧地关上了。于是，这群狼就被封锁在木桩里，只能眼巴巴地等着猎人来收拾了。

猎熊奇遇

*

一天，塞索伊奇带着莱卡狗在树林里发现一个大雪堆。莱卡狗冲着雪堆叫了几声，三只熊从雪堆里钻了出来，作势就要扑过来。

塞索伊奇慌乱之中开了几枪，把三只熊都打死了，而他的莱卡狗也在流弹之中身亡。

塞索伊奇又惊又怕，倒在一只熊的尸体上昏迷了过去。

不知道过了多久，他惊醒了，猛然发现一只小熊把他的鼻子含在嘴里，正在用力吸呢。

他大叫一声，把鼻子从小熊嘴里夺出来。

· 学而思大语文分级阅读 ·

zhè cái míng bai gāng cái dǎ sǐ de shì xióng mā ma hé liǎng zhī xiǎo xióng miàn
这才明白刚才打死的是熊妈妈和两只小熊。面

qián zhè zhī xiǎo xióng táo guò le zǐ dàn lái mā ma shēn biān chī nǎi cuò
前这只小熊逃过了子弹，来妈妈身边吃奶，错

bǎ tā de bí zi dāng chéng le mā ma de rǔ tóu hán zài zuǐ lǐ shǔn xī
把他的鼻子当成了妈妈的乳头，含在嘴里吮吸

qǐ lái
起来。

kàn zhe kě lián bā bā de xiǎo xióng sài suǒ yī qí zuò chū yí gè
看着可怜巴巴的小熊，塞索伊奇做出一个

dà dǎn de jué dìng bǎ xiǎo xióng dài huí jiā qīn zì fǔ yǎng
大胆的决定：把小熊带回家亲自抚养。

111

图书在版编目（CIP）数据

森林报.冬 /（苏）维·比安基著；学而思教研中心改编. -- 北京：石油工业出版社，2020.4
（学而思大语文分级阅读）
ISBN 978-7-5183-3868-9

Ⅰ.①森… Ⅱ.①维… ②学… Ⅲ.①森林－青少年读物 Ⅳ.① S7-49

中国版本图书馆 CIP 数据核字 (2020) 第 024507 号

森林报·冬

[苏联] 维·比安基 著 学而思教研中心 改编

策划编辑：王 昕 曹敏睿
责任编辑：马金华 吴 蓉
执行主编：田 雪
改 写：尤艳芳
出版发行：石油工业出版社
（北京安定门外安华里 2 区 1 号 100011）
网 址：www.petropub.com
编辑部：（010）64523616 64252031
图书营销中心：（010）64523731 64523633
经 销：全国新华书店
印 刷：天津长荣云印刷科技有限公司

2020 年 4 月第 1 版 2023 年 2 月第 12 次印刷
开本：710×1000 毫米 1/16 印张：7.5
字数：70 千字

定价：22.80 元
（如出现印装质量问题，我社图书营销中心负责调换）